Schnittpunkt 7/8
Mathematik

Kompakt

Rainer Maroska
Achim Olpp
Rainer Pongs
Claus Stöckle
Hartmut Wellstein
Heiko Wontroba

Ernst Klett Schulbuchverlage
Stuttgart · Leipzig

Begleitmaterial:
Mathe-Trainer 7, Einzellizenz (ISBN 978-3-12-114828-8)

Bildquellenverzeichnis
U1.1: Mellenthin, Klaus, Stuttgart – 42.2: Mauritius (age fotostock), Mittenwald – 42.3: Corbis (Randy Faris), Düsseldorf – 42.4: Getty Images (FoodPix), München – 42.5: Getty Images (photonica/Hoshikawa), München – 43.1: Corbis (creasource), Düsseldorf – 43.2: Corbis (Stevenson), Düsseldorf – 43.3: Getty Images (photonica/ Neo Vision), München

1. Auflage 1 8 7 6 5 4 | **13 12 11 10 09**

Alle Drucke dieser Auflage sind unverändert und können im Unterricht nebeneinander verwendet werden. Die letzten Zahlen bezeichnen jeweils die Auflage und das Jahr des Druckes.

Internetadresse: www.klett.de

Autoren: Rainer Maroska, Achim Olpp, Rainer Pongs, Claus Stöckle,
Prof. Dr. Hartmut Wellstein, Heiko Wontroba
Redaktion: Isabelle Hetzler, Elke Linzmaier

Zeichnungen / Illustrationen: Uwe Alfer, Waldbreitbach;
Rudolf Hungreder, Leinfelden-Echterdingen
Umschlagfoto: Fotosearch RF (image 100), Wankesha, WI
Satz: Satzkiste – Böhler · Frerichs · Warkus GbR, Stuttgart

Reproduktion: Meyle + Müller, Medien-Management, Pforzheim
Druck: Druckhaus Götz GmbH, Ludwigsburg
Printed in Germany

ISBN: 978-3-12-740378-7

9 783127 403787

Inhalt

Alles in allem

In den letzten beiden Jahren sind dir im Mathematikunterricht manche Themen immer wieder begegnet. Viele Ideen und Herangehensweisen konntest du wieder aufgreifen und weiterentwickeln. Auch in den nächsten Jahren werden dich einige dieser Leitideen wie rote Fäden durch die Mathematik begleiten:

Zahl – An Zahlen denken viele Menschen als Erstes, wenn sie Mathematik hören. Zählen und Rechnen mit natürlichen Zahlen, aber auch der Umgang mit Brüchen, Dezimalbrüchen ... sind unter dieser Leitidee zusammengefasst.

Raum und Form – Bestimmte Figuren, Muster und Formen begegnen uns überall: Vierecke, Kreise, Würfel, Prismen ... Wir untersuchen und beschreiben ihre Eigenschaften und Besonderheiten und lernen, womit wir rechnen können.

Messen – Geld, Zeit, Gewicht, Länge, Volumen – vieles wird gemessen und verglichen. Dafür werden Maßeinheiten festgelegt und mit den gemessenen Größen gerechnet. Manche Berechnungen werden immer nach dem gleichen Schema durchgeführt, für solche Berechnungen stellt man Formeln auf.

Funktionaler Zusammenhang – Oft gibt es im Alltag Abhängigkeiten zwischen Größen wie Temperatur und Wasserstand. Für die Beschreibung solcher Zusammenhänge verwendet man Funktionen, um Aussagen über nicht gemessene Werte machen zu können und um ähnliche Situationen vergleichen zu können.

Daten und Zufall – Um bestimmte Fragen beantworten zu können, werden Daten gesammelt, erfasst, übersichtlich dargestellt und ausgewertet.

Auf den Seiten 66–78
findest du Aufgaben zu allen Bereichen, die du in den letzten beiden Jahren kennen gelernt hast. Dabei kannst du testen, wie schnell du den roten Faden siehst und an welchen Stellen er schnell reißt.
(Die Lösungen stehen im Anhang.)

Rechnen mit Brüchen

addieren von Brüchen

Zwei Brüche werden **addiert,** indem man beide Brüche auf einen gemeinsamen Nenner erweitert und dann die beiden Zähler addiert.

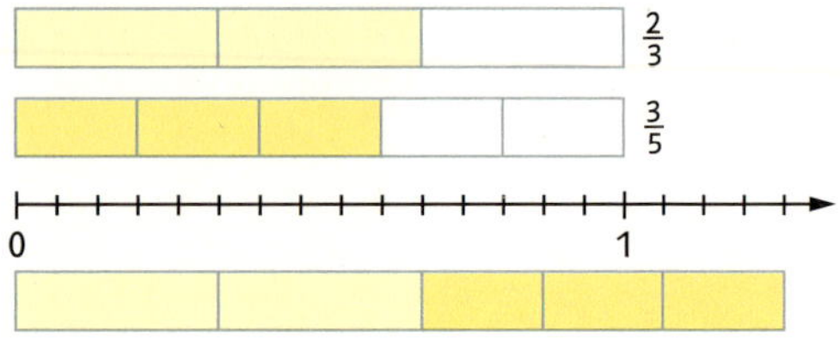

$$\frac{2}{3} + \frac{3}{5} = \frac{2 \cdot 5}{3 \cdot 5} + \frac{3 \cdot 3}{5 \cdot 3} = \frac{10}{15} + \frac{9}{15} = \frac{19}{15} = 1\frac{4}{15}$$

subtrahieren von Brüchen

Zwei Brüche werden **subtrahiert,** indem man beide Brüche auf einen gemeinsamen Nenner erweitert und dann die beiden Zähler subtrahiert.

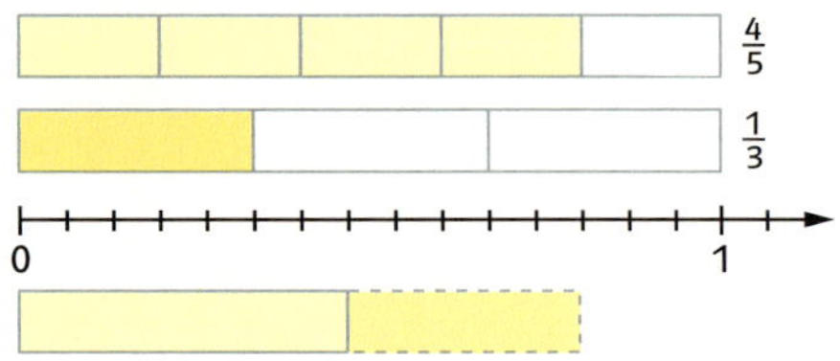

$$\frac{4}{5} - \frac{1}{3} = \frac{4 \cdot 3}{5 \cdot 3} - \frac{1 \cdot 5}{3 \cdot 5} = \frac{12}{15} - \frac{5}{15} = \frac{7}{15}$$

multiplizieren von Brüchen

Zwei Brüche werden **multipliziert,** indem man Zähler mit Zähler und Nenner mit Nenner multipliziert.

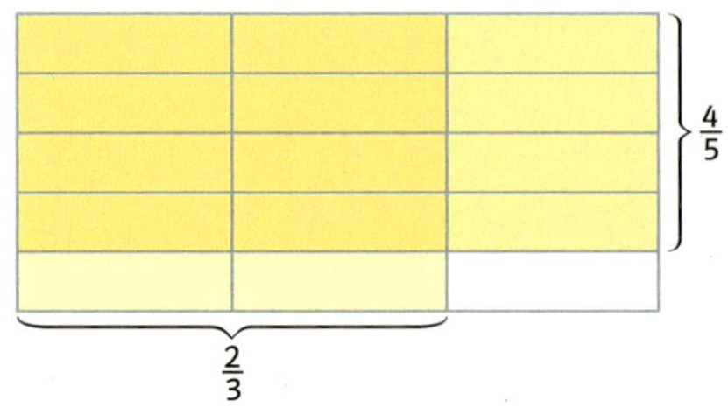

$$\frac{2}{3} \cdot \frac{4}{5} = \frac{2 \cdot 4}{3 \cdot 5} = \frac{8}{15}$$

dividieren von Brüchen

Zwei Brüche werden **dividiert,** indem man den ersten Bruch mit dem **Kehrbruch** des zweiten Bruches multipliziert.

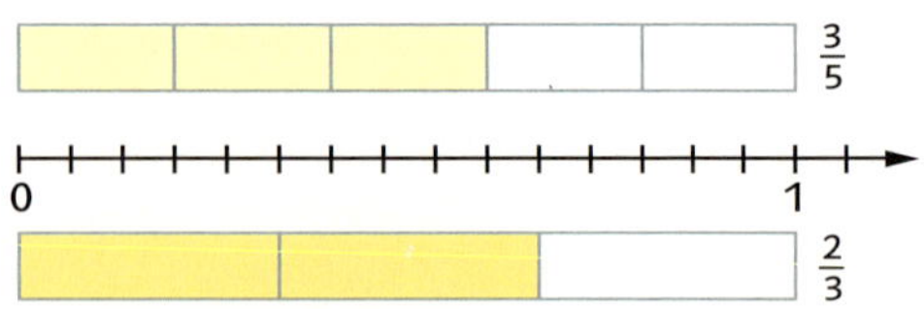

$$\frac{3}{5} : \frac{2}{3} = \frac{3}{5} \cdot \frac{3}{2} = \frac{3 \cdot 3}{5 \cdot 2} = \frac{9}{10}$$

Reihenfolge beim Rechnen

Punktrechnung kommt vor Strichrechnung. Zuerst berechnet man, was in Klammern steht.

$$\frac{4}{7} \cdot \left(\frac{1}{6} + \frac{2}{3} \cdot \frac{1}{4}\right)$$
$$= \frac{4}{7} \cdot \left(\frac{1}{6} + \frac{1}{6}\right)$$
$$= \frac{4}{7} \cdot \frac{1}{3}$$
$$= \frac{4}{21}$$

Rationale Zahlen

ganze Zahlen

Die Zahlen … −3; −2; −1; 0, 1; 2; 3 … heißen **ganze Zahlen**.
Die Menge der ganzen Zahlen wird mit $\mathbb{Z}$ bezeichnet.

$\mathbb{Z} = \{\ldots -3; -2; -1; 0, 1; 2; 3 \ldots\}$

rationale Zahlen

Die positiven und negativen Bruchzahlen einschließlich der Null heißen **rationale Zahlen**.
Die Menge der rationalen Zahlen wird mit $\mathbb{Q}$ bezeichnet.

$-3{,}786$; $2\frac{1}{7}$ oder $-\frac{34}{123}$ sind Beispiele für rationale Zahlen.

Vorzeichen, Betrag

Jede rationale Zahl besteht aus einem **Vorzeichen** (+ oder −) und dem **Betrag**.

Vorzeichen Betrag
−31,7

Zahlengerade

Zur Darstellung der rationalen Zahlen wird der Zahlenstrahl zur Zahlengerade erweitert. Negative Zahlen stehen links der Null.

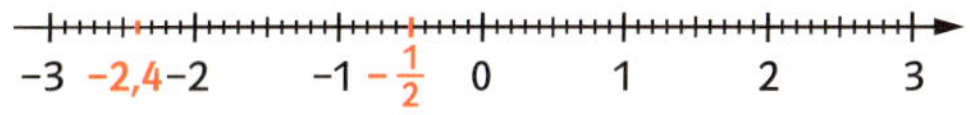

Gegenzahl

Jede Zahl, außer Null, hat eine **Gegenzahl**. Zahl und Gegenzahl haben auf der Zahlengerade denselben Abstand von Null.

−5 ist die Gegenzahl von +5 und
+5 ist die Gegenzahl von −5.

vergleichen und ordnen

An der Zahlengerade kann man rationale Zahlen miteinander vergleichen.
Die kleinere von zwei rationalen Zahlen liegt auf der Zahlengerade weiter links.

$-3{,}4 < -1{,}2$
−3,4 ist kleiner als −1,2

Zunahme und Abnahme

Durch positive und negative Zahlen kann man Änderungen beschreiben.
An der Zahlengerade lassen sich diese Veränderungen veranschaulichen.

3 Schritte nach links bedeuten eine Abnahme um 3, die Änderung beträgt −3.

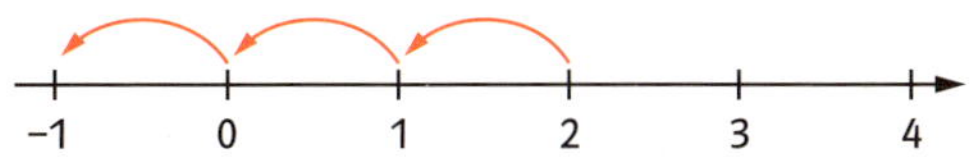

Koordinatensystem

Das **Koordinatensystem** ist eine Erweiterung des Quadratgitters nach links und nach unten.
Die waagerechte Achse heißt x-Achse, die senkrechte y-Achse.

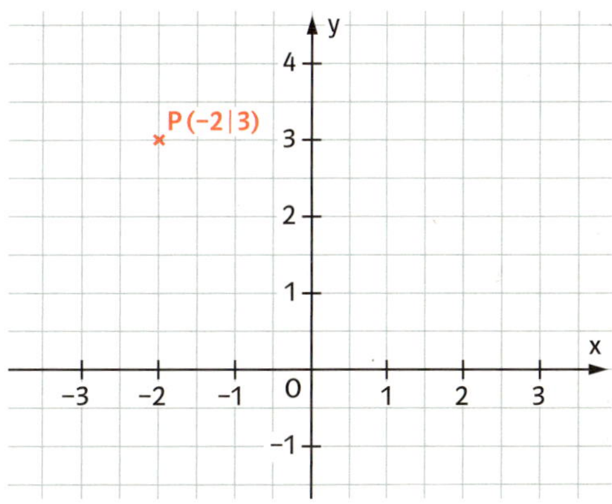

Punkte im Koordinatensystem werden mit Koordinaten beschrieben. Sie bestimmen die Lage der Punkte eindeutig.

P(−2|3)
x-Wert y-Wert

Rechnen mit rationalen Zahlen

addieren

Bei **gleichen Vorzeichen** addiert man die Zahlen, ohne ihr Vorzeichen zu berücksichtigen. Das Ergebnis erhält das gemeinsame Vorzeichen beider Zahlen.

$-28 + (-14) = -42$

Bei **verschiedenen Vorzeichen** subtrahiert man die Zahlen ohne Berücksichtigung ihres Vorzeichens. Das Ergebnis erhält das Vorzeichen derjenigen Zahl, die von Null weiter entfernt liegt.

$10 + (-18) = -8$

$-25 + 37 = 12$

subtrahieren

Eine rationale Zahl wird subtrahiert, indem man ihre Gegenzahl addiert.

$(-7) - (+11) = (-7) + (-11) = -18$
$(-17) - (-9) = (-17) + (+9) = -8$

multiplizieren

Haben beide Faktoren das **gleiche Vorzeichen**, dann ist der Wert des Produkts **positiv**. Haben die Faktoren **verschiedene Vorzeichen**, dann ist der Wert des Produkts **negativ**.

$(-25) \cdot (-8) = +(25 \cdot 8) = 200$

$(+16) \cdot (-5) = -(16 \cdot 5) = -80$

dividieren

Haben Dividend und Divisor **gleiche Vorzeichen**, dann ist der Wert des Quotienten **positiv**.

$(-28) : (-4) = +(28 : 4) = 7$

Haben Dividend und Divisor **verschiedene Vorzeichen**, dann ist der Wert des Quotienten **negativ**.

$(-56) : 7 = -(56 : 7) = -8$

Verteilungsgesetz

Das Verteilungsgesetz wird zum **Ausklammern** und **Ausmultiplizieren** verwendet.

Ausklammern:

$$\begin{aligned} &(-6) \cdot 13 + (-6) \cdot 87 \\ &= (-6) \cdot (13 + 87) \\ &= (-6) \cdot 100 = -600 \end{aligned}$$

Ausmultiplizieren:

$$\begin{aligned} &(-7) \cdot (40 + 9) \\ &= (-7) \cdot 40 + (-7) \cdot 9 \\ &= -280 + (-63) = -343 \end{aligned}$$

berechnen von Rechenausdrücken

Rechenausdrücke mit rationalen Zahlen werden nach denselben Regeln berechnet wie Ausdrücke mit natürlichen Zahlen.

vereinfachte Schreibweise

Bei der **vereinfachten Schreibweise** werden gleiche Rechen- und Vorzeichen durch „+“ ersetzt, ungleiche durch „–“.

$$\begin{aligned} &48{,}4 + (-13) - (-7) - (+18{,}7) + (+6{,}3) \\ &= 48{,}4 - 13 + 7 - 18{,}7 + 6{,}3 \end{aligned}$$

vereinfachen von Termen

Innere Klammer zuerst
Klammern vor anderen Rechnungen
Potenzen zuerst
Punktrechnung **vor Strich**rechnung
Vereinfachte Schreibweise anwenden
von links nach rechts vereinfachen

$$\begin{aligned} &(64 - (130 - 36)) + (-5) \cdot 2^3 + 46{,}5 \\ &= (64 - 94) + (-5) \cdot 2^3 + 46{,}5 \\ &= -30 + (-5) \cdot 2^3 + 46{,}5 \\ &= -30 + (-5) \cdot 8 + 46{,}5 \\ &= -30 + (-40) + 46{,}5 \\ &= -30 - 40 + 46{,}5 \\ &= -70 + 46{,}5 \\ &= -23{,}5 \end{aligned}$$

Terme

Variable

Buchstaben oder Symbole, die für Größen oder Zahlen stehen, nennt man **Variablen**.

$5 \cdot a$; $y - 6z$

Term

Terme sind **Rechenausdrücke** aus Zahlen, Variablen und Rechenzeichen.

$-18 - 7$; 3^2; $x : 5$; $3 \cdot y \cdot (y - 6)$; $\frac{1}{2}$; a

Wert des Terms

Werden die Variablen in einem Term durch Zahlen ersetzt, lässt sich der **Wert des Terms** berechnen.

Term: $3 \cdot x - 1$

x	1	2	3	4	5	6
$3 \cdot x - 1$	2	5	8	11	14	17

äquivalente Terme

Zwei **Terme** heißen **äquivalent** (gleichwertig), wenn ihre Werte nach jeder Ersetzung der Variablen durch Zahlen übereinstimmen.

	T_1: $2x - 3x + 4x$	T_2: $3x$
$x = 2$	$4 - 6 + 8 = 6$	$3 \cdot 2 = 6$
$x = -1$	$-2 + 3 - 4 = -3$	$3 \cdot (-1) = -3$
…		

aufstellen von Termen

Variablen, Größen und Zahlen werden durch Rechenzeichen miteinander verknüpft.

Term für den Umfang eines Rechtecks

$u = 2 \cdot a + 2 \cdot b$

$ = 2 \cdot (a + b)$

addieren und subtrahieren von Termen

Gleichartige Terme lassen sich durch Addieren oder Subtrahieren zusammenfassen, verschiedenartige dagegen nicht.

$2x + 3x + x = 6x$, aber $x + 2 \cdot y = x + 2 \cdot y$

$3 \cdot y + 5 \cdot y = 8 \cdot y$, aber $x^2 + x = x^2 + x$

Verkürzte Schreibweise:

$3 \cdot x = 3x$ $\quad$ $1 \cdot x = x$

multiplizieren und dividieren von Termen

Terme mit Variablen werden **multipliziert**, indem die Koeffizienten und die Variablen getrennt multipliziert werden.

$2x \cdot 6 = 12x$

$3a \cdot 4b \cdot 5c = 60abc$

Produkte mit gleichen Variablen gibt man in Potenzschreibweise an.

$3x \cdot 4x \cdot y = 12x^2y$

$5a^2 \cdot 6b = 30a^2b$

Beim **Dividieren** eines Terms durch eine Zahl wird der Koeffizient dividiert. Die Variable bleibt unverändert.

$12x : 4 = 3x$

Verkürzte Schreibweise:

$x \cdot y = xy$

Terme mit Klammern

Beim Addieren von Summen oder Differenzen kann die Klammer entfallen. Die Rechen- und Vorzeichen bleiben unverändert. Beim Subtrahieren von Summen oder Differenzen darf die Klammer wegfallen, wenn dabei alle Pluszeichen in der Klammer zu Minuszeichen werden und umgekehrt.

Plusklammer

$3x + (4y - 5z)$

$= 3x + 4y - 5z$

Minusklammer

$5a - (3a - 2b)$

$= 5a - 3a + 2b$

$= 2a + 2b$

Verteilungsgesetz

Auch beim Rechnen mit Termen gilt das **Verteilungsgesetz**.

$5x \cdot (4x - 3y)$

$= 5x \cdot 4x - 5x \cdot 3y$

$= 20x^2 - 15xy$

$4x + 6y$

$= 2 \cdot 2x + 2 \cdot 3y$

$= 2 \cdot (2x + 3y)$

Rechnen mit Termen

Verteilungsgesetz

• ausmultiplizieren

Das Umformen eines Produkts in eine Summe mithilfe des Verteilungsgesetzes nennt man **Ausmultiplizieren.** Dabei wird jeder Summand mit dem Faktor außerhalb der Klammer multipliziert.

$2n \cdot (n + m)$
$= 2n \cdot n + 2n \cdot m$
$= 2n^2 + 2nm$

• ausklammern faktorisieren

Das Umformen einer Summe in ein Produkt mithilfe des Verteilungsgesetzes nennt man **Ausklammern oder Faktorisieren.** Dabei werden gemeinsame Faktoren vor die Klammer gesetzt.

$3n^2 + 6mn$
$= \mathbf{3n} \cdot n + \mathbf{3n} \cdot 2m$
$= \mathbf{3n}(n + 2m)$

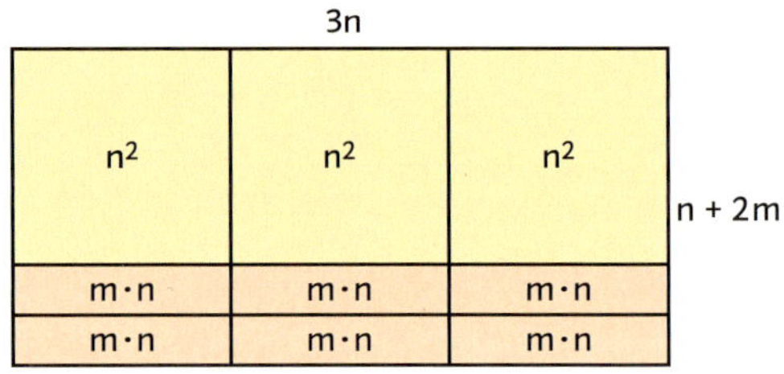

• multiplizieren von Summen

Werden zwei Summen miteinander multipliziert, wird jeder Summand der ersten Summe mit jedem Summanden der zweiten Summe multipliziert. Die Produkte werden anschließend addiert.

$(m + 2n)(3m + n)$
$= m \cdot 3m + m \cdot n + 2n \cdot 3m + 2n \cdot n$
$= 3m^2 + mn + 6mn + 2n^2$
$= 3m^2 + 7mn + 2n^2$

binomische Formeln

1. binomische Formel:
$(a + b)(a + b) = (a + b)^2 = a^2 + 2ab + b^2$ — $(x + 5)^2 = x^2 + 10x + 25$
2. binomische Formel:
$(a - b)(a - b) = (a - b)^2 = a^2 - 2ab + b^2$ — $(3y - x)^2 = 9y^2 - 6xy + x^2$
3. binomische Formel:
$(a + b)(a - b) = a^2 - b^2$ — $(x + 2y)(x - 2y) = x^2 - 4y^2$

• ausmultiplizieren

Produkte, deren Faktoren aus Summen oder Differenzen mit gleichlautenden Summanden bestehen, können mithilfe der binomischen Formeln ausmultipliziert werden.

• faktorisieren mithilfe der binomischen Formeln

Liegen binomische Terme als Summen- oder Differenzterme vor, kann man sie zu Produkten umformen.

$x^2 + 2xy + y^2 = (x + y)^2$
$x^2 - 2xy + y^2 = (x - y)^2$
$x^2 - y^2 = (x + y)(x - y)$

Gleichungen und Ungleichungen

lösen von Gleichungen durch Äquivalenzumformungen

Um eine Gleichung zu lösen, formt man sie in einfachere Gleichungen um, ohne dass sich dabei die Lösung verändert.
Die Umformungsschritte zur Lösung einer Gleichung nennt man **Äquivalenzumformungen**.

- Man darf auf beiden Seiten der Gleichung denselben Term addieren oder subtrahieren.
- Man darf beide Seiten der Gleichung mit derselben Zahl (außer Null) multiplizieren oder dividieren.

$$\begin{aligned} -9x + 38 &= 15x - 58 && \mid -15x \\ -24x + 38 &= -58 && \mid -38 \\ -24x &= -96 && \mid :(-24) \\ x &= 4 \end{aligned}$$

Probe

Bei der **Probe** werden die gefundenen Lösungen auf Richtigkeit geprüft, indem sie anstelle der Variablen in die **Ausgangsgleichung** eingesetzt werden.

Probe:

linker Term	rechter Term
$-9 \cdot 4 + 38$	$15 \cdot 4 - 58$
$= -36 + 38$	$= 60 - 58$
$= 2$	$= 2$

Gleichungen mit Klammern

Kommen in einer Gleichung Klammern vor, werden diese zuerst aufgelöst.

$$\begin{aligned} 3(2x - 18) - 4 &= 3x - (12x - 32) && \mid T \\ 6x - 54 - 4 &= 3x - (12x - 32) && \mid T \\ 6x - 54 - 4 &= 3x - 12x + 32 && \mid T \\ 6x - 58 &= -9x + 32 && \mid +9x \\ 15x - 58 &= +32 && \mid +58 \\ 15x &= 90 && \mid :15 \\ x &= 6 \end{aligned}$$

Ungleichungen

Bei einer Ungleichung können mehrere Lösungen auftreten. Diese Lösungen können an einer Zahlengeraden veranschaulicht werden. Ungleichungen können mithilfe derselben Äquivalenzumformungen gelöst werden wie Gleichungen – mit einer Ausnahme:
Bei der Multiplikation oder Division auf beiden Seiten der Ungleichung mit einer negativen Zahl muss man das Ungleichheitszeichen umkehren.

Die Gleichung $5x + 6 = 16$ hat die Lösung 2.
Bei der Ungleichung $5x + 6 < 16$ sind alle Zahlen kleiner als 2 Lösungen.

$$\begin{aligned} (2 - x) \cdot 7 &< -21 && \mid \text{Vereinfachen} \\ 14 - 7x &< -21 && \mid -14 \\ -7x &< -35 && \mid :(-7) \\ x &> 5 \end{aligned}$$

Grundmenge und Lösungsmenge

Die **Grundmenge** bezeichnet die Zahlen, die für eine Aufgabenstellung zugelassen sind.
Die **Lösungsmenge** bezeichnet die Zahlen aus der Grundmenge, die die Gleichung erfüllen.

Grundmenge $G = \{-3;\ -2;\ -1;\ 0;\ 1;\ 2;\ 3\}$

Gleichung: $x \cdot x = 4$

Lösungsmenge $L = \{-2;\ 2\}$

Gleichungen lösen

lösen von Gleichungen mit Klammern

Kommen in einer Gleichung **Klammern** vor, werden diese zuerst aufgelöst.
Mithilfe von Umformungen kommt man zur Lösung. Man gibt sie als **Lösungsmenge** an.
Zur Kontrolle ist es vorteilhaft, die **Probe** durchzuführen.

$$
\begin{aligned}
(x-3)^2 - x^2 &= 3 - 3(x+2) \\
x^2 - 6x + 9 - x^2 &= 3 - 3x - 6 \\
-6x + 9 &= -3x - 3 \qquad |+3x|-9 \\
-3x &= -12 \qquad |:(-3) \\
x &= 4 \\
L &= \{4\}
\end{aligned}
$$

Bruchterme

Terme, die im Nenner eine Variable enthalten, nennt man **Bruchterme**.
Die **Definitionsmenge** eines Bruchterms enthält alle Zahlen, die beim Einsetzen in den Bruchterm im Nenner nicht den Wert null ergeben.

$\frac{5}{x-1}$

$D = \mathbb{Q} \setminus \{1\}$

Bruchgleichungen

1. Vor der Lösung einer Bruchgleichung legt man zuerst die Definitionsmenge fest.
2. Durch Multiplizieren mit einem gemeinsamen Nenner erhält man eine Gleichung ohne Bruchterme.
3. Die Gleichung wird schrittweise vereinfacht.
4. Man vergleicht die Lösung mit der Definitionsmenge.
5. Die Lösungsmenge wird angegeben.

$$\frac{5}{2(x-2)} + \frac{7}{2x} = \frac{11}{2(x-2)} \qquad |\cdot 2x(x-2)$$
$$D = \mathbb{Q} \setminus \{0; 2\}$$

$$
\begin{aligned}
\frac{5 \cdot 2x(x-2)}{2(x-2)} + \frac{7 \cdot 2x(x-2)}{2x} &= \frac{11 \cdot 2x(x-2)}{2(x-2)} \\
5 \cdot x + 7(x-2) &= 11 \cdot x \\
5x + 7x - 14 &= 11x \\
12x - 11x &= 14 \\
x &= 14 \\
L &= \{14\}
\end{aligned}
$$

Formeln

Eine **Formel** beschreibt einen Zusammenhang zwischen Variablen, Größen und Zahlen. Um Werte einer Variablen in der Formel zu berechnen, löst man die Formel nach dieser Variablen auf.
Man nennt die Variablen einer Formel auch **Formvariablen**, die gesuchte Variable heißt **Lösungsvariable**.

$p\% = \frac{P}{G}$ wird nach G aufgelöst:

$$
\begin{aligned}
p\% &= \frac{P}{G} \qquad |\cdot G \\
p\% \cdot G &= P \qquad |:p\% \\
G &= \frac{P}{p\%}
\end{aligned}
$$

Textaufgaben lesen und lösen

Lies die Aufgabe sorgfältig und markiere wichtige Angaben. Beachte folgende Schritte:

1. Notiere gegebene Daten/Größen.
2. Benenne die gesuchte Größe.
3. Erstelle, wenn nötig, eine farbige Skizze.
4. Wähle ein Lösungsverfahren, z.B. Tabelle oder Gleichung.
5. Wende das Verfahren an und bestimme die gesuchten Größen.
6. Führe die Probe durch.
7. Notiere einen Antwortsatz.

Der Umfang eines Rechtecks beträgt 19 m, die Seite b ist 3 m lang.
Wie lang ist die Seite a?

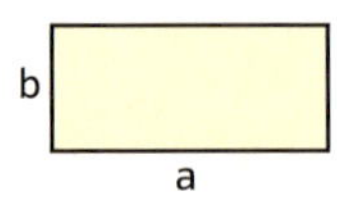

Gegeben: $u = 18\,m$
$b = 3\,m$

Gesucht: $a \quad (G = \mathbb{Q}^+)$

$$
\begin{aligned}
u &= 2a + 2b \\
19\,m &= 2a + 2 \cdot 3\,m \qquad |\ T \\
19\,m &= 2a + 6\,m \qquad |\ -6\,m \\
13\,m &= 2a \qquad |\ :2 \\
a &= 6{,}5\,m \qquad (6{,}5 \in \mathbb{Q}^+)
\end{aligned}
$$

Probe: $19\,m = 2 \cdot 6{,}5\,m + 2 \cdot 3\,m = 13\,m + 6\,m$

Antwort: Die Seite a ist 6,5 m lang.

Dreiecke

Winkel in Schnittpunkten von Geraden

Scheitelwinkel sind gleich groß.
Nebenwinkel ergänzen sich zu 180°.
Stufenwinkel an geschnittenen Parallelen sind gleich groß.

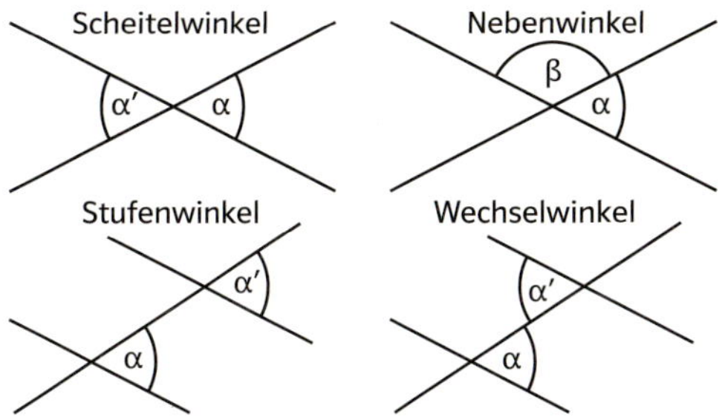

Winkelsumme im Dreieck

Wechselwinkel an geschnittenen Parallelen sind gleich groß.

Die Summe der Winkel eines Dreiecks beträgt 180°: $\alpha + \beta + \gamma = 180°$.

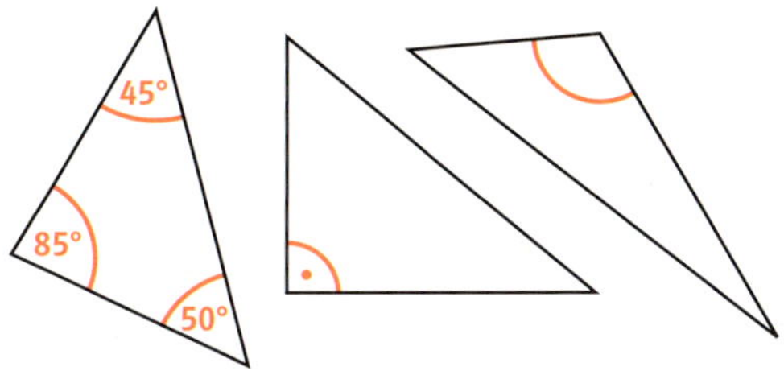

Dreiecksformen
Einteilung nach Winkeln:

spitzwinklig	Alle Winkel sind kleiner als 90°.
rechtwinklig	Ein Winkel beträgt 90°.
stumpfwinklig	Ein Winkel ist größer als 90°.

Einteilung nach Seiten:

allgemein	Alle Seiten sind unterschiedlich lang.
gleichschenklig	Zwei Seiten sind gleich lang.
gleichseitig	Alle Seiten sind gleich lang.

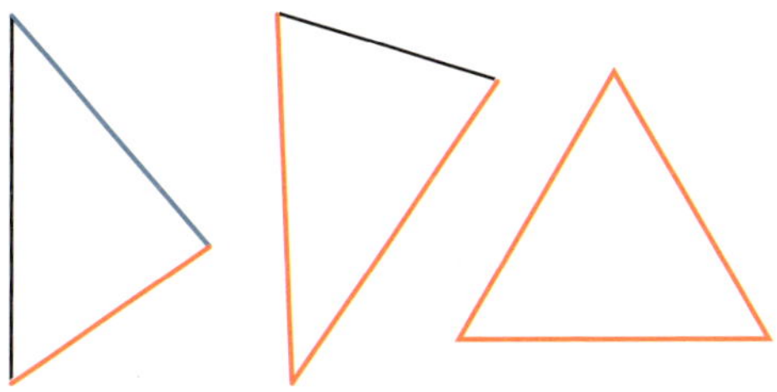

Umkreis und Inkreis

Der Schnittpunkt M der Mittelsenkrechten ist der **Mittelpunkt des Umkreises** eines Dreiecks.
Der Schnittpunkt W der Winkelhalbierenden ist der **Mittelpunkt des Inkreises** eines Dreiecks.

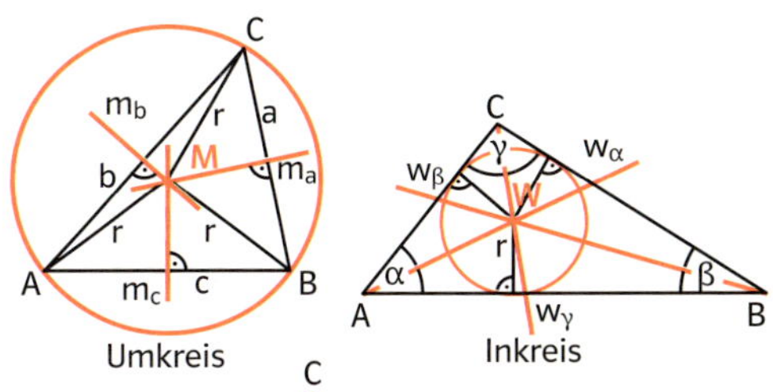

Schwerpunkt und Höhenschnittpunkt

Der Schnittpunkt S der Seitenhalbierenden ist der **Schwerpunkt** eines Dreiecks.
Die Höhen eines Dreiecks schneiden sich im **Höhenschnittpunkt** H.

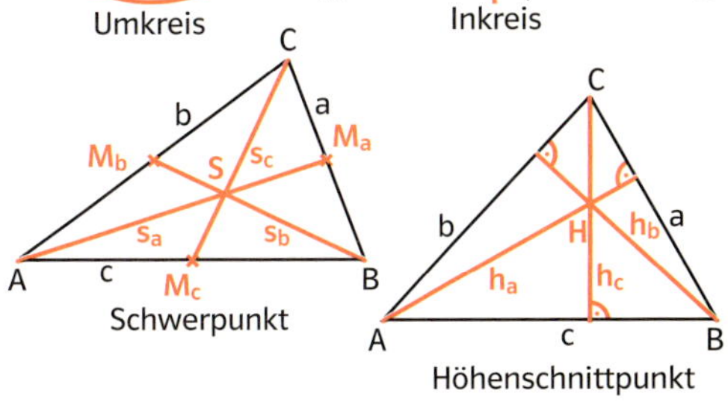

Satz des Thales

Jeder Winkel im Halbkreis über einer Strecke ist ein rechter.

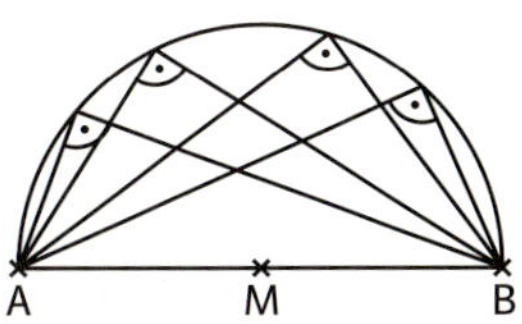

Kongruenz und Abbildungen

Konstruktion von Dreiecken

Zum **Konstruieren** kongruenter Dreiecke mit Geodreieck und Zirkel benötigt man drei Stücke. Wir unterscheiden folgende Grundkonstruktionen für Dreiecke.
Gegeben sind:
- drei Seiten (SSS),
- zwei Seiten und der eingeschlossene Winkel (SWS),
- eine Seite und die beiden anliegenden Winkel (WSW),
- zwei Seiten und der Gegenwinkel der längeren Seite (SSW).

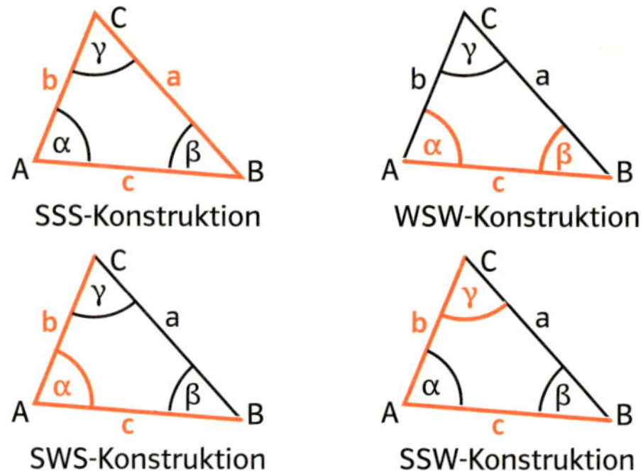

Kongruenz

Zwei Figuren sind zueinander **kongruent**, wenn sie in Form und Größe übereinstimmen. Achsenspiegelung, Punktspiegelung, Drehung und Verschiebung sind Kongruenzabbildungen.

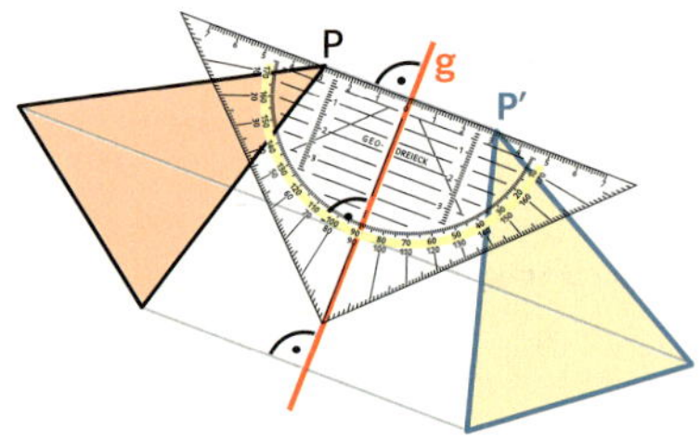

Abbildungen

Abbildungsvorschrift der **Achsenspiegelung:**
1. PP′ ist senkrecht zur Spiegelachse g.
2. P′ hat von g denselben Abstand wie P.

Abbildungsvorschrift der **Verschiebung:**
1. $\overline{P'P}$ ist parallel zum Verschiebungspfeil.
2. $\overline{PP'}$ hat die Länge des Verschiebungspfeils.

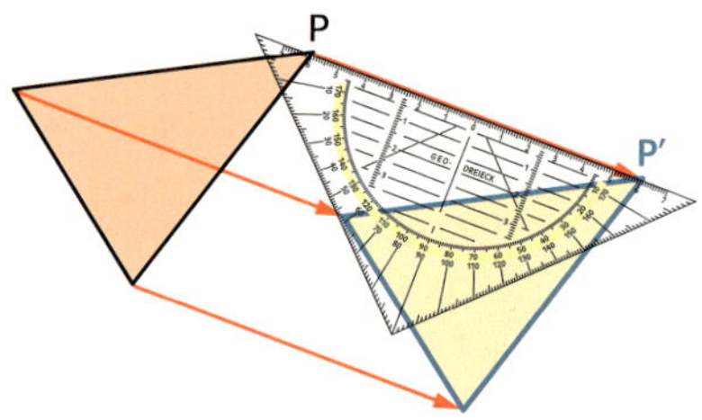

drehsymmetrische Figur

Eine Figur, die durch eine **Drehung** (ungleich 360°) um das **Drehzentrum** Z in sich selbst überführt werden kann, nennt man **drehsymmetrisch**.
Der Winkel, um den man die Figur drehen muss, heißt **Drehwinkel**.
Drehwinkel: 72°; 144°; 216°; 288°; …

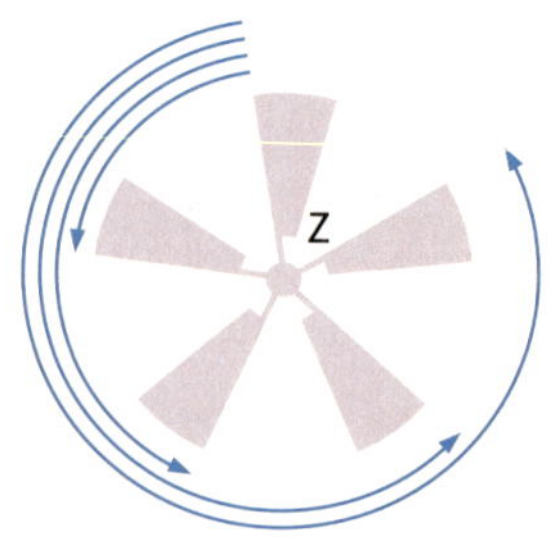

Vierecke

Symmetrie im Haus der Vierecke

Die besonderen Vierecke haben **Symmetrieachsen** oder **Symmetriewinkel**.

Die besonderen Vierecke werden im **Haus der Vierecke** geordnet.
Nach unten hin kommen immer mehr Symmetrien dazu.

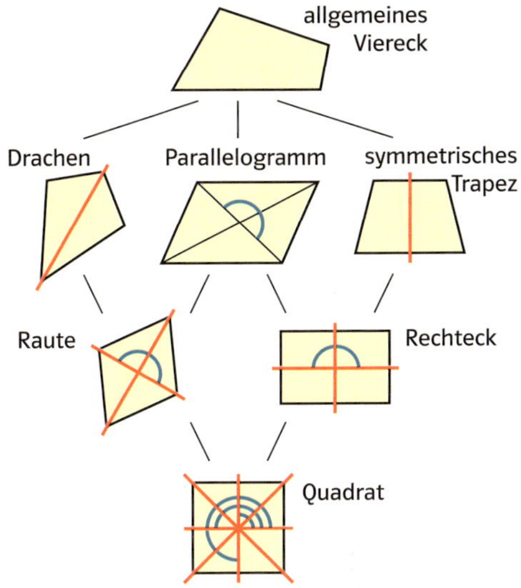

Winkelsumme des Vierecks

In jedem Viereck beträgt die **Winkelsumme** 360°.

$\alpha + \beta + \gamma + \delta = 360°$

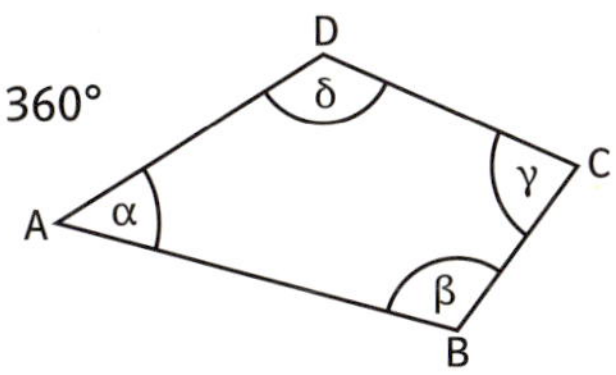

Viereckskonstruktion

Ein Viereck ist durch fünf geeignete Stücke festgelegt.

Zur **Konstruktion eines Vierecks** gehören
- die Planfigur,
- die Konstruktionszeichnung,
- die Konstruktionsbeschreibung.

Gegeben:
a, b, c, β, γ

Planfigur

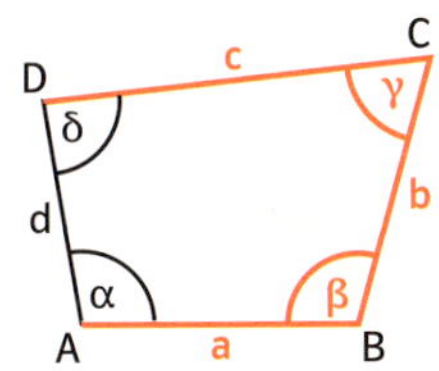

Konstruktionszeichnung
Ich konstruiere
1. die Seite a,
...

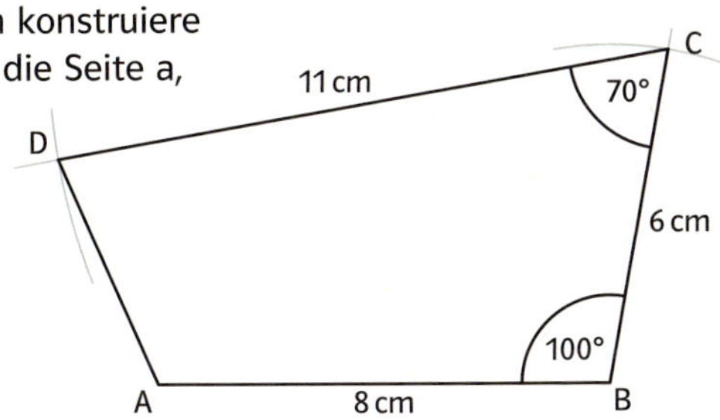

regelmäßige Vielecke

Ein **regelmäßiges Vieleck** hat gleich lange Seiten und gleich große Winkel.
Seine Eckpunkte liegen auf einem Kreis.
Die Mittelpunktswinkel eines regelmäßigen Vielecks mit n Eckpunkten betragen
δ = 360° : n.
Die Winkel zwischen den Seiten betragen
$\alpha = 180° - \delta$.

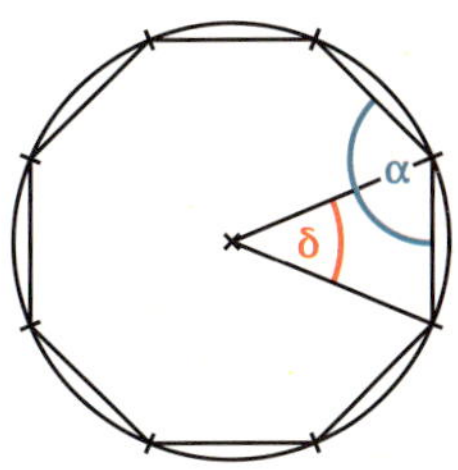

n = 8
$\delta = 360° : 8 = 45°$
$\alpha = 180° - \delta = 135°$

Umfang und Flächeninhalt

Rechteck und Quadrat

Der **Flächeninhalt eines Rechtecks** kann aus dem Produkt seiner Seitenlängen berechnet werden.

$\mathbf{A = a \cdot b}$

Für den **Umfang** gilt: $\mathbf{u = 2 \cdot (a + b)}$

Beim **Quadrat** sind Länge und Breite gleich groß.

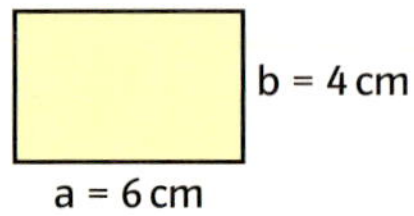

$A = a \cdot b$ | $u = 2 \cdot (a + b)$

$A = 6 \cdot 4\,cm^2$ | $u = 2 \cdot (6 + 4)\,cm$

$A = 24\,cm^2$ | $u = 20\,cm$

Parallelogramm und Raute

Der **Flächeninhalt eines Parallelogramms** kann aus dem Produkt einer Seitenlänge und der zugehörigen Höhe berechnet werden.

$\mathbf{A = a \cdot h_a}$ $\qquad$ $\mathbf{A = b \cdot h_b}$

Für den **Umfang** gilt: $\mathbf{u = 2 \cdot (a + b)}$

Bei der **Raute** sind alle Seiten gleich lang.

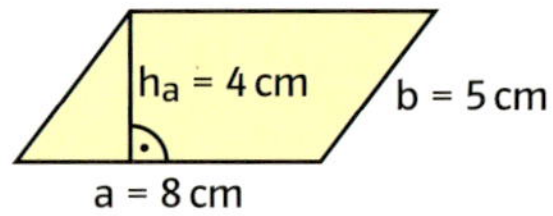

$A = a \cdot h_a$ | $u = 2 \cdot (a + b)$

$A = 8 \cdot 4\,cm^2$ | $u = 2 \cdot (8 + 5)\,cm$

$A = 32\,cm^2$ | $u = 26\,cm$

Dreieck

Der **Flächeninhalt eines Dreiecks** kann aus dem halben Produkt einer Seitenlänge und der zugehörigen Höhe berechnet werden.

$\mathbf{A = \frac{1}{2} a \cdot h_a}$ $\qquad$ $\mathbf{A = \frac{1}{2} b \cdot h_b}$ $\qquad$ $\mathbf{A = \frac{1}{2} c \cdot h_c}$

Für das **rechtwinklige Dreieck** ergibt sich:

$\mathbf{A = \frac{1}{2} a \cdot b}$ $\quad (\gamma = 90°)$

Für den **Umfang** von Dreiecken gilt:

$\mathbf{u = a + b + c}$

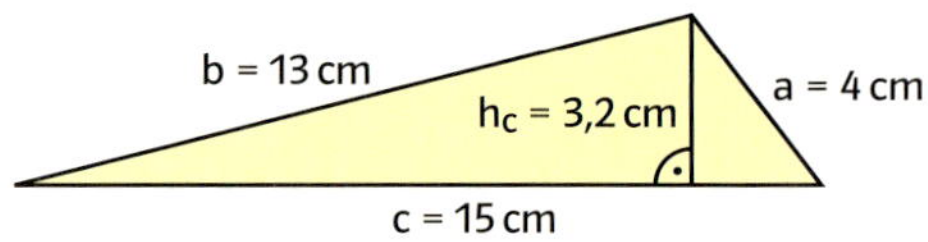

$A = \frac{1}{2} c \cdot h_c$ | $u = a + b + c$

$A = \frac{1}{2} \cdot 15 \cdot 3{,}2\,cm^2$ | $u = 4 + 13 + 15\,cm$

$A = 24\,cm^2$ | $u = 32\,cm$

Trapez

Der **Flächeninhalt des Trapezes** kann aus den Längen seiner beiden parallelen Seiten und der Höhe berechnet werden.

$\mathbf{A = \frac{1}{2} \cdot (a + c) \cdot h}$ oder $\mathbf{A = m \cdot h}$

Für den **Umfang** gilt: $\mathbf{u = a + b + c + d}$

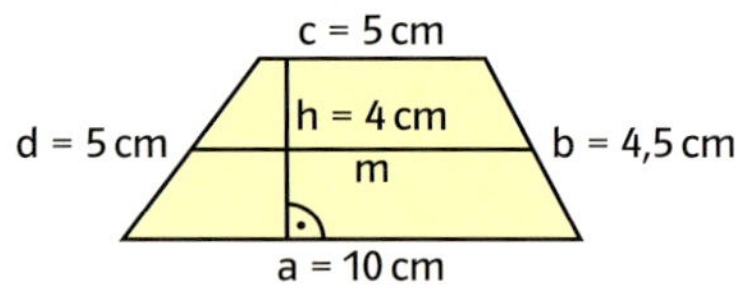

$A = \frac{1}{2} \cdot (a + c) \cdot h$ | $u = a + b + c + d$

$A = \frac{1}{2} \cdot (10 + 5) \cdot 4\,cm^2$ | $u = 10 + 4{,}5 + 5 + 5\,cm$

$A = 30\,cm^2$ | $u = 24{,}5\,cm$

Vieleck

Der **Flächeninhalt eines Vielecks** kann aus der Summe der Flächeninhalte seiner Teilflächen berechnet werden.

$\mathbf{A = A_1 + A_2 + A_3 + A_4 + \ldots + A_n}$

Ist das Vieleck **regelmäßig**, ergeben sich so viele deckungsgleiche, gleichschenklige Teildreiecke, wie das Vieleck Seiten hat.

$\mathbf{A = n \cdot A_\Delta}$

Für den **Umfang** gilt:

$\mathbf{u = a_1 + a_2 + a_3 + \ldots + a_n}$ oder $\mathbf{u = n \cdot a}$

$A_\Delta = \frac{1}{2} \cdot a \cdot h_a$

$A = 5 \cdot A_\Delta$

$u = 5 \cdot a$

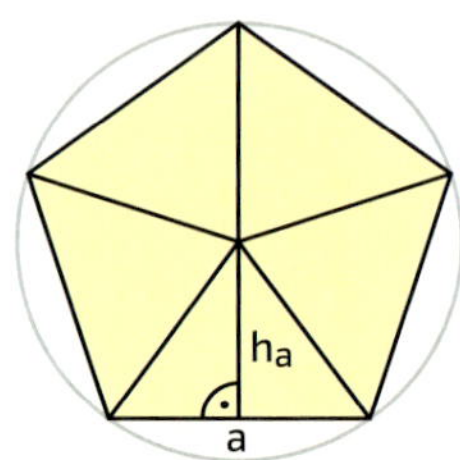

Volumen und Oberfläche

Quader und Würfel

Ein **Quader**
mit den Kantenlängen a, b und c hat
das **Volumen** $V = a \cdot b \cdot c$
und
die **Oberfläche** $O = 2(a \cdot b + b \cdot c + a \cdot c)$.

Ein **Würfel** ist ein Quader mit drei gleichen Kantenlängen $a = b = c$.
Er hat das **Volumen** $V = a^3$
und
die **Oberfläche** $O = 6a^2$.

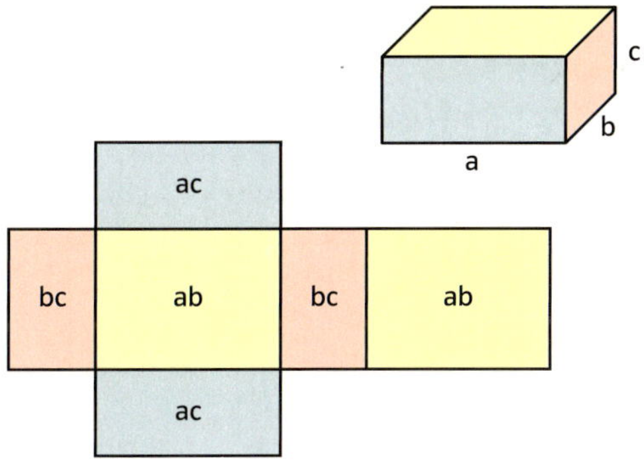

Prisma

Ein **Prisma** wird begrenzt von der **Grundfläche**, der **Deckfläche** und dem **Mantel**.
Grundfläche und Deckfläche sind deckungsgleiche (kongruente) Dreiecke, Vierecke oder Vielecke.
Die Mantelfläche besteht aus Rechtecken.

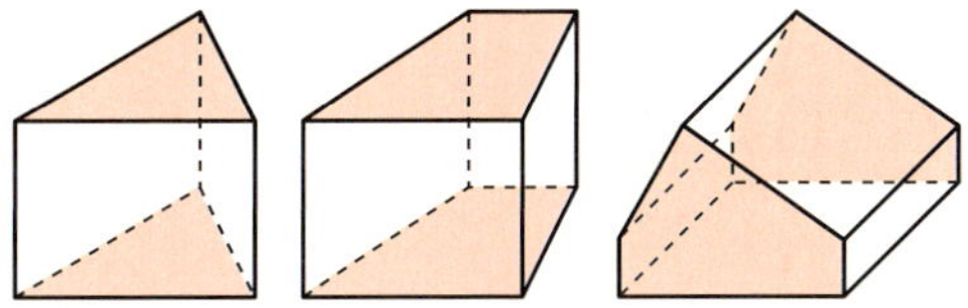

• Oberfläche

Die **Oberfläche O** ist die Summe aus dem Doppelten der **Grundfläche G** und der **Mantelfläche M**:
$\mathbf{O = 2 \cdot G + M}$

Die **Mantelfläche M** ist das Produkt aus dem **Umfang u** der Grundfläche mit der **Körperhöhe h**:
$\mathbf{M = u \cdot h}$

$D = G$
$M = M_1 + M_2 + M_3 + M_4$
$u = a_1 + a_2 + a_3 + a_4$

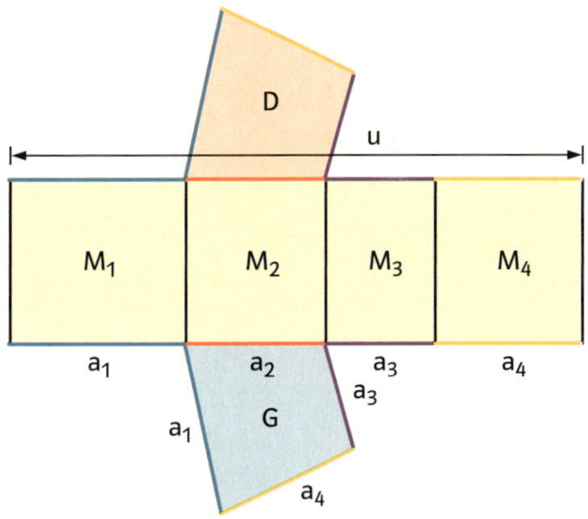

• Volumen

Das **Volumen eines Prismas** lässt sich als Produkt aus Grundfläche und Körperhöhe berechnen:
$\mathbf{V = G \cdot h}$

zusammensetzen von Körpern

Werden zwei Körper mit den Volumina V_1 und V_2 zusammengesetzt, so hat der zusammengesetzte Körper das Volumen
$\mathbf{V = V_1 + V_2}$.

Die Oberfläche O eines zusammengesetzten Körpers lässt als Summe von Einzelflächen berechnen.
Die Rechnung lässt sich oft durch geschicktes Zusammenfassen vereinfachen.

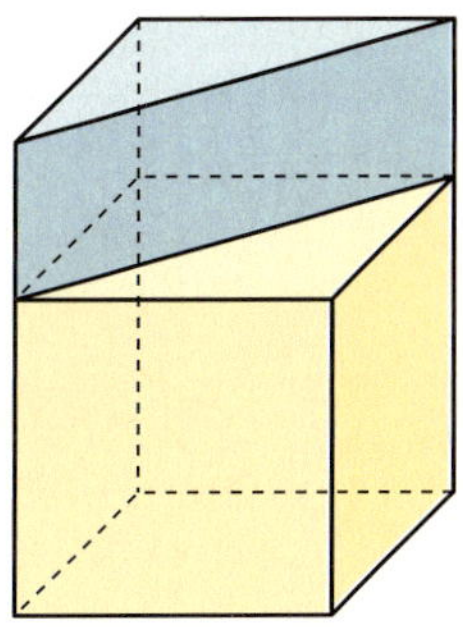

Kreis

Kreiszahl π

Das Verhältnis von Kreisumfang zu Kreisdurchmesser wird **Kreiszahl π** genannt.
Die Kreiszahl π ist eine irrationale Zahl, die sich nur näherungsweise angeben lässt.
$\pi = 3{,}141\,592\,653\,589\,793\,238\,462\,643\,383\,27$ $9\,502\,884\,197\,169\,399\,375\,105\,820\,974\,944\,59$ $2\,307\ldots$
In Anwendungen genügt meist die Nährung 3,14.

$\frac{u}{d} = \pi$

Kreisumfang

Für den **Umfang u eines Kreises** mit dem Durchmesser d bzw. dem Radius r gilt:
$\mathbf{u = \pi d}$ bzw. $\mathbf{u = 2\pi r}$

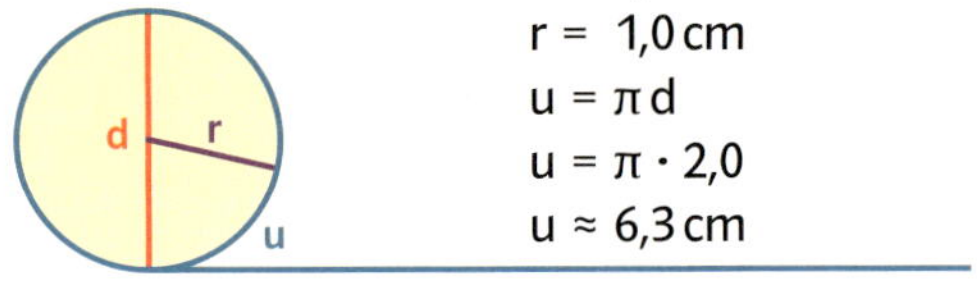

$d = 2{,}0\,\text{cm}$
$r = 1{,}0\,\text{cm}$
$u = \pi d$
$u = \pi \cdot 2{,}0$
$u \approx 6{,}3\,\text{cm}$

Kreisfläche

Für den **Flächeninhalt A eines Kreises** mit dem Radius r gilt: $A = \pi r^2$
Wegen $r = \frac{d}{2}$ gilt auch: $A = \frac{\pi d^2}{4}$

$A = \pi r^2$
$A = \pi \cdot 1{,}0^2$
$A \approx 3{,}1\,\text{cm}^2$

$A = \frac{\pi d^2}{4}$
$A = \frac{\pi \cdot 2{,}0^2}{4}$
$A \approx 3{,}1\,\text{cm}^2$

Kreisring

Der **Flächeninhalt eines Kreisrings** ist gleich der Differenz der Flächeninhalte der beiden ursprünglichen Kreise.
$A_R = \pi r_1^2 - \pi r_2^2$
$A_R = \pi (r_1^2 - r_2^2)$

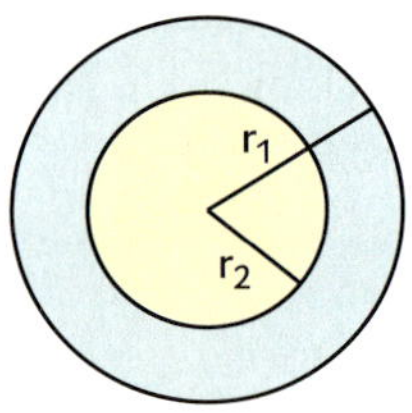

$r_1 = 4{,}8\,\text{cm}$
$r_2 = 2{,}1\,\text{cm}$
$A_R = \pi (r_1^2 - r_2^2)$
$A_R = \pi (4{,}8^2 - 2{,}1^2)$
$A_R = 58{,}5\,\text{cm}^2$

Kreisbogen

Die **Länge des Kreisbogens b** eines Kreisausschnittes ist proportional zum zugehörigen **Mittelpunktswinkel α**.
Es gilt:
$b = 2\pi r \cdot \frac{\alpha}{360°}$ $\quad$ $b = \pi r \cdot \frac{\alpha}{180°}$

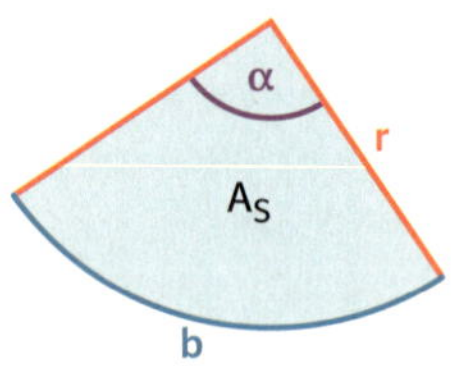

$r = 4{,}5\,\text{cm}$
$\alpha = 60°$

$b = \pi r \cdot \frac{\alpha}{180°}$
$b = \pi \cdot 4{,}5 \cdot \frac{60°}{180°}$
$b = 4{,}7\,\text{cm}$

Kreisausschnitt

Der **Flächeninhalt des Kreisausschnittes A_S** ist proportional zum Mittelpunktswinkel α.
Es gilt:
$A_S = \pi r^2 \cdot \frac{\alpha}{360°}$ $\quad$ $A_S = \frac{b\,r}{2}$

$A_S = \pi r^2 \cdot \frac{\alpha}{360°}$
$A_S = \pi \cdot 4{,}5^2 \cdot \frac{60°}{360°}$
$A_S = 10{,}6\,\text{cm}^2$

Zylinder

Oberfläche eines Zylinders

Die **Mantelfläche eines Zylinders** kann als Produkt des Grundkreisumfangs und der Zylinderhöhe berechnet werden.

$M = u\,h$ **$M = 2\pi r h$**

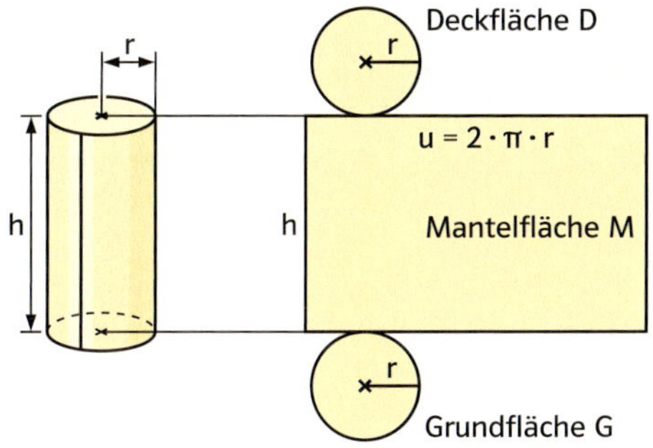

Zur Berechnung der **Oberfläche eines Zylinders** verdoppelt man den Flächeninhalt der Grundfläche und addiert die Mantelfläche.

$O = 2G + M$; $O = 2\pi r^2 + 2\pi r h$

$r = 2{,}0\,\text{cm}$
$h = 4{,}0\,\text{cm}$

$O = 2\pi r^2 + 2\pi r h$
$O = 2\pi \cdot 2{,}0^2 + 2\pi \cdot 2{,}0 \cdot 4{,}0$
$O = 25{,}1 + 50{,}3$
$O = 75{,}4\,\text{cm}^2$

Volumen eines Zylinders

Das **Volumen eines Zylinders** kann als Produkt der Grundfläche und der Höhe berechnet werden.

$V = G\,h$; $V = \pi r^2 h$

$V = \pi r^2 h$
$V = \pi \cdot 2{,}0^2 \cdot 4{,}0$
$V = 50{,}3\,\text{cm}^3$

Volumen zusammengesetzter Körper

Das **Volumen zusammengesetzter oder ausgehöhlter Körper** berechnet man als Summe oder Differenz der einzelnen Volumina. Es gilt also:

$V = V_1 + V_2$ oder **$V = V_1 - V_2$**

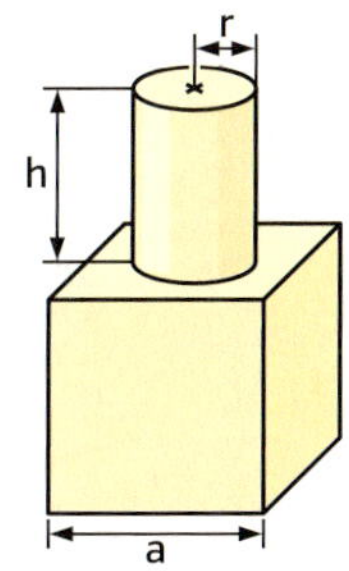

Zylinder:
$r = 2{,}0\,\text{cm}$
$h = 5{,}0\,\text{cm}$

Würfel:
$a = 7{,}0\,\text{cm}$

V_W = Würfelvolumen
V_Z = Zylindervolumen
A_Q = Seitenfläche des Würfels
A_K = Kreisfläche (Grund- und Deckfläche des Zylinders)
M_Z = Mantelfläche des Zylinders

$V = V_W + V_Z$
$V = a^3 + \pi r^2 h$
$V = 7{,}0^3 + \pi \cdot 2{,}0^2 \cdot 5{,}0$
$V = 343{,}0 + 62{,}8$
$V = 405{,}8\,\text{cm}^3$

Oberfläche zusammengesetzter Körper

Die **Oberfläche zusammengesetzter oder ausgehöhlter Körper** lässt sich als Summe der Einzelflächen berechnen.

$O = 5A_Q + (A_Q - A_K) + M_Z + A_K$
$O = 6A_Q + M_Z$
$O = 6a^2 + 2\pi r h$
$O = 6 \cdot 7{,}0^2 + 2\pi \cdot 2{,}0 \cdot 5{,}0$
$O = 294{,}0 + 62{,}8$
$O = 356{,}8\,\text{cm}^2$

Prozente

absoluter und relativer Vergleich

Beim **absoluten Vergleich** werden die **Anteile** direkt miteinander verglichen.
Beim **relativen Vergleich** werden die **Bruchteile** miteinander verglichen.

In der 7a haben 6 von 25 eine Ehrenurkunde erhalten, in der Klasse 7b 5 von 20. Absolut gesehen ist die 7a besser. 6 Urkunden sind mehr als 5 Urkunden.
Relativ gesehen erhält die 7b mehr Urkunden.

$\frac{5}{20} = \frac{25}{100}$ $\qquad$ $\frac{6}{25} = \frac{24}{100}$

$\frac{25}{100} > \frac{24}{100}$

Prozent

Brüche mit dem Nenner 100 werden als **Prozente** bezeichnet. Sie können auch als Dezimalbruch dargestellt werden.

$\frac{24}{100} = 0{,}24 = 24\,\%$

$\frac{p}{100} = p\,\%$

Diagramme mit Prozentangaben

Für die Darstellung von Prozentanteilen verwendet man häufig **Prozentstreifen** oder **Prozentkreise**.

Beim Prozentstreifen entspricht 100 % der Gesamtlänge des Streifens. Günstigerweise wählt man 10 cm für 100 %.

Beim Prozentkreis entspricht 100 % dem Vollwinkel 360°.

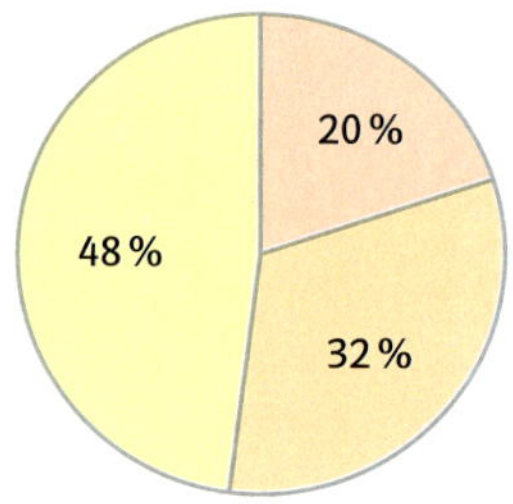

Prozentsatz

Anteile können über den **Prozentsatz p %** verglichen werden.
Man erhält den Prozentsatz, indem man den Prozentwert durch den Grundwert dividiert.

16 von 25 Teilnehmern kamen ins Ziel.
$P = 16$ und $G = 25$; $p\,\% = ?$

$p\,\% = \frac{P}{G}$

$p\,\% = \frac{16}{25} = \frac{64}{100} = 0{,}64 = 64\,\%$

64 % der Teilnehmer kamen ins Ziel.

Prozentwert

Ein Bruchteil des Grundwerts wird als **Prozentwert P** bezeichnet. Man erhält den Prozentwert, indem man den Grundwert mit dem Prozentsatz multipliziert.

64 % der Teilnehmer kamen ins Ziel.
$p\,\% = 64\,\%$ und $G = 25$; $P = ?$

$P = G \cdot p\,\%$

$P = 25 \cdot \frac{64}{100} = 16$

16 Teilnehmer kamen ins Ziel.

Grundwert

Das Ganze wird als **Grundwert G** bezeichnet. Der Grundwert entspricht immer 100 %. Er ist die Vergleichsgröße.
Man erhält den Grundwert, indem man den Prozentwert durch den Prozentsatz dividiert.

16 kamen an, das waren 64 %.
$p\,\% = 64\,\%$ und $P = 16$; $G = ?$

$G = P : p\,\%$

$G = 16 : \frac{64}{100} = 16 \cdot \frac{100}{64} = 25$

Es waren insgesamt 25 Teilnehmer.

Prozente und Zinsen

Prozentformel

Grundwert, Prozentwert, Prozentsatz
Bei jeweils zwei gegebenen Größen lässt sich die dritte Größe mit der Formel berechnen.

Prozentwert = Grundwert · Prozentsatz

$P = G \cdot p\,\% = G \cdot \frac{p}{100}$

Promille

Sehr kleine Anteile können in **Promille** angegeben werden.
Promille sind Tausendstel.

$\frac{1}{1000}$ = 1 Promille = 1 ‰

vermehrter und verminderter Grundwert

Wenn der Grundwert um einen prozentualen Anteil vermehrt oder vermindert wird, kann man mit verändertem Prozentsatz $p^{+\%}$ oder $p^{-\%}$ den vermehrten oder verminderten Grundwert berechnen.

$G^+ = G \cdot p^+\%$ $\quad p^+\% = 100\,\% + p\,\%$

$G^- = G \cdot p^-\%$ $\quad p^-\% = 100\,\% - p\,\%$

Zinsrechnung

Die **Zinsrechnung** ist eine Anwendung der Prozentrechnung.

- **Zinsen**

Für Geldbeträge, die man einer Bank für eine bestimmte Zeit überlässt oder die man sich leiht, bekommt man **Zinsen** oder muss welche bezahlen.

Jahreszinsen = Kapital · Zinssatz

$Z = K \cdot p\,\% = K \cdot \frac{p}{100}$

- **Zinssatz**

Der **Zinssatz** gibt in Prozenten an, wie viel Zinsen die Bank für ein bestimmtes Kapital gibt oder verlangt.
Der **Zeitraum** bezieht sich in der Regel auf **ein Jahr**.

$p\,\% = \frac{Z}{K}$

- **Kapital**

Der Geldbetrag, den man einer Bank überlässt oder den man sich leiht, nennt man **Kapital**.

$K = \frac{Z}{p} \cdot 100 = \frac{Z}{p\,\%}$

- **Zinsformel für Teile eines Jahres**

Für Teile des Jahres müssen die Jahreszinsen mit einem Zeitfaktor multipliziert werden.
Die Bank rechnet das Jahr mit 360 Tagen und den Monat mit 30 Tagen.

Zinsen = Jahreszinsen · Zeitfaktor

$Z = K \cdot \frac{p}{100} \cdot i$

i Bruchteil eines Jahres

$Z = K \cdot \frac{p}{100} \cdot \frac{m}{12}$

m Anzahl der Monate

$Z = K \cdot \frac{p}{100} \cdot \frac{t}{360}$

t Anzahl der Tage

Zur Berechnung der anderen Größen kann man die Formeln umstellen.

Proportional und umgekehrt proportional

Zuordnung

Bei einer **Zuordnung** werden zwei Größen zueinander in Beziehung gesetzt. Jeder **Eingabegröße** wird eine **Ausgabegröße** zugeordnet.

Jedem Alter eines Menschen wird eine Körpergröße in Zentimeter zugeordnet.

proportionale Zuordnung

Eine Zuordnung heißt **proportional**, wenn zu einem Vielfachen oder einem Teil der Eingabegröße dasselbe Vielfache oder derselbe Teil der Ausgabegröße gehört.
Sie kann durch eine
- **Tabelle**,
- ein **Schaubild** oder
- eine **Rechenvorschrift** beschrieben werden.

Dividiert man die Ausgabegrößen durch die zugehörigen Eingabegrößen, ergibt sich immer derselbe Wert.

1200 l Heizöl kosten 600 €.

Ölmenge in l	500	800	1500	1700
Preis in €	250	400	750	850

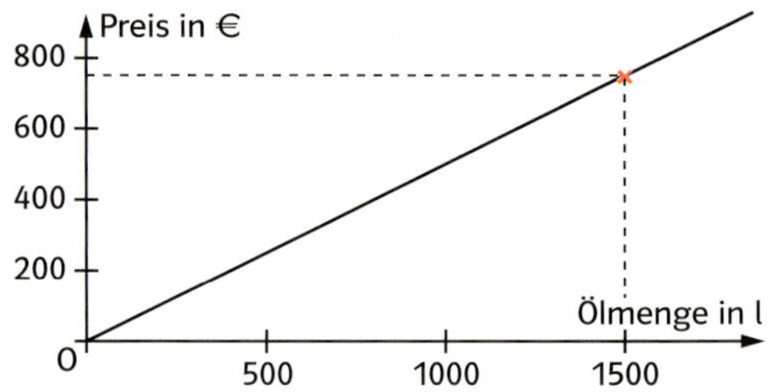

Kosten = 0,50 € · Anzahl der Liter

umgekehrt proportionale (antiproportionale) Zuordnung

Eine Zuordnung heißt **umgekehrt proportional (antiproportional)**, wenn zu einem Drittel, der Hälfte, dem Zweifachen, dem Dreifachen … der Eingabegröße das Dreifache, das Zweifache, die Hälfte, das Drittel, … der Ausgabegröße gehört.
Das Produkt aus zusammengehörigen Eingabe- und Ausgabegrößen hat immer denselben Wert.
Alle Punkte der umgekehrt proportionalen Zuordnung liegen auf einer **Hyperbel**.

Anzahl der Tage	3	4	5	6	7	8
Tagesstrecke in km	140	105	84	70	60	52,5

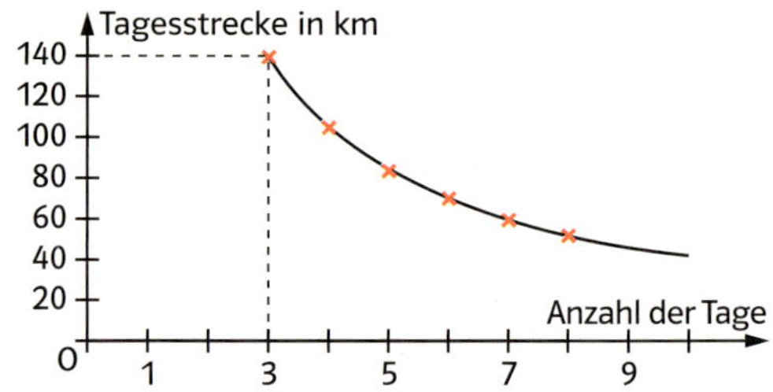

Dreisatz

Gesuchte Werte der Ausgabegröße einer proportionalen Zuordnung kann man mit dem **Dreisatz** berechnen. Man schließt zuerst durch Division auf die Einheit und dann durch Multiplikation auf das Vielfache.

1200 l Heizöl kosten 600 €. Wie viel kosten 1700 l?

Ölmenge in l	Preis in €
1200	600
(: 1200) 1	0,5 (: 1200)
(· 1700) 1700	850 (· 1700)

1700 l Heizöl kosten 850 €.

umgekehrter Dreisatz

Gesuchte Werte der Ausgabegröße einer umgekehrt proportionalen Zuordnung kann man mit dem **umgekehrten Dreisatz** berechnen. Der Division der Eingabegröße entspricht die Multiplikation der Ausgabegröße und umgekehrt.

Eine Radtour ist mit 7 Etappen zu je 60 km geplant. Die Radfahrgruppe hat aber nur 5 Tage Zeit.

Anzahl der Tage	Strecke in km
7	60
(: 7) 1	420 (· 7)
(· 5) 5	84 (: 5)

Die Tagesstrecke muss 84 km betragen.

Funktionen

Funktion

Eine **Funktion** ist eine Zuordnung, bei der zu jeder Größe eines ersten Bereichs (Eingabegröße) **genau eine** Größe eines zweiten Bereichs (Ausgabegröße) gehört.

Eine Funktion lässt sich über eine **Wertetabelle**, die aus Wertepaaren besteht, ein Schaubild oder eine **Funktionsgleichung** darstellen.

Um die Abhängigkeit des Funktionswertes von x zu verdeutlichen, schreibt man auch z. B. $f(x) = -0{,}5x + 1{,}5$ oder $f: x \mapsto -0{,}5x + 1{,}5$.

Funktionsgleichung $y = -0{,}5x + 1{,}5$

Wertetabelle

x	−3	−2	−1	0	1	2	3
y	3	2,5	2	1,5	1	0,5	0

Schaubild

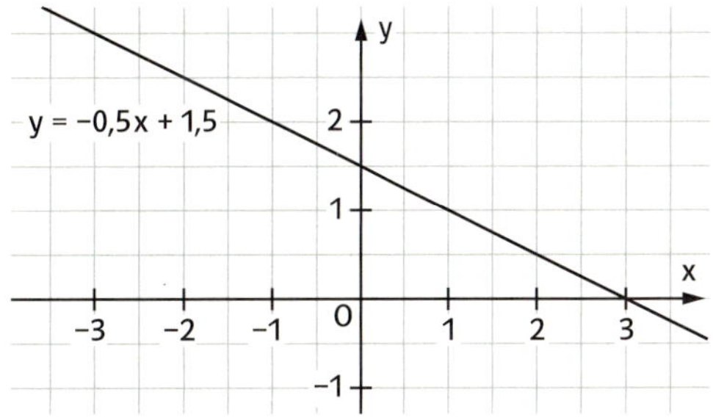

lineare Funktion

Eine Funktion mit der Gleichung $y = m \cdot x + b$ heißt **lineare Funktion**. Das Schaubild ist eine Gerade mit der **Steigung m**. Die Gerade schneidet die y-Achse im Punkt P(0 | b). Der **Wert b** bezeichnet den **y-Achsenabschnitt** der Geraden.

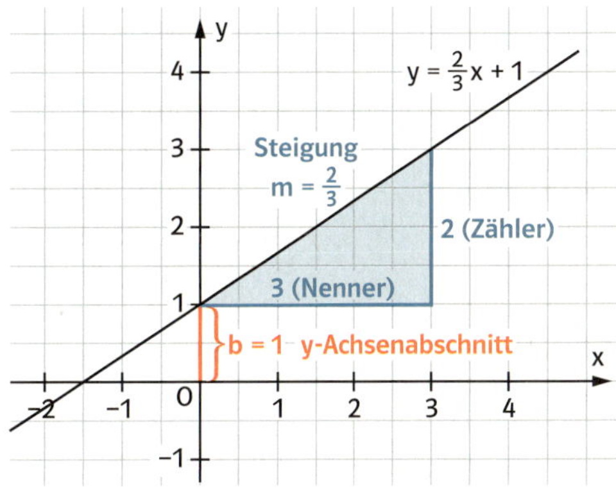

proportionale Funktion

Eine Funktion mit der Gleichung $\mathbf{y = m \cdot x}$ heißt **proportionale Funktion**. Das Schaubild ist eine Gerade, die durch den **Ursprung** des Koordinatensystems verläuft. Die **Steigung m** bestimmt den Verlauf der Geraden.

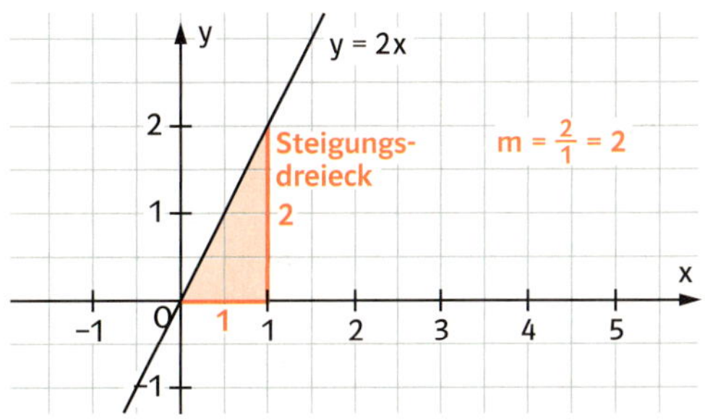

modellieren

Beim Modellieren wird eine Problemsituation aus der realen Welt in ein mathematisches Modell übersetzt. Mithilfe der Lösung werden mathematische Ergebnisse formuliert, die wiederum interpretiert werden können und zu realen Ergebnissen führen. Abschließend erfolgt eine Bewertung des Ergebnisses in der realen Situation.

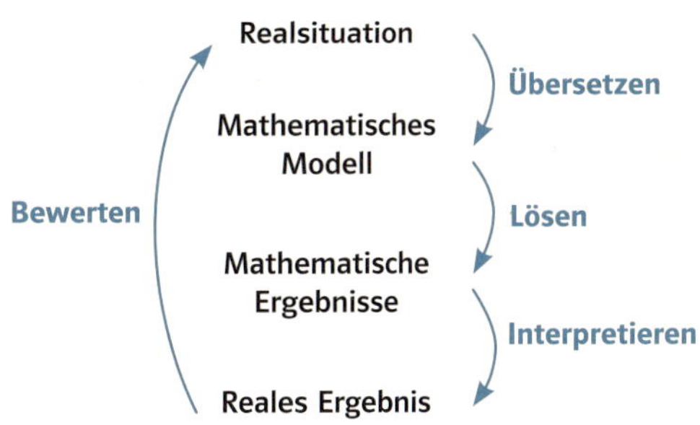

Lineare Gleichungssysteme

lineares Gleichungssystem

Zwei lineare Gleichungen mit jeweils zwei Variablen bilden zusammen ein **lineares Gleichungssystem**.

(1) $x - 2y = 2$
(2) $x + y = 5$

grafisches Lösungsverfahren

Die Lösungen der linearen Gleichungen lassen sich als Geraden darstellen.
Die Koordinaten des Schnittpunkts der beiden Geraden erfüllen beide Gleichungen und sind somit die **Lösung des Gleichungssystems**.
Ein Gleichungssystem hat
- **genau eine Lösung,** wenn sich die zugehörigen Geraden **in einem Punkt schneiden.**
- **keine Lösung,** wenn die Geraden parallel verlaufen.
- **unendlich viele Lösungen,** wenn zu den zwei Gleichungen **dieselbe Gerade** gehört.

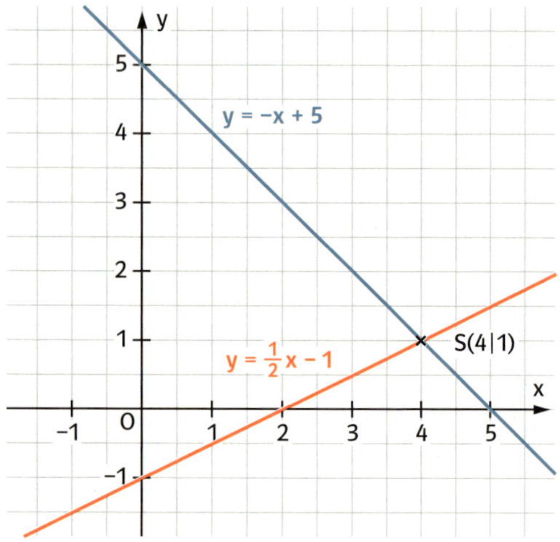

rechnerische Lösungsverfahren

Jedes Zahlenpaar, das beide Gleichungen erfüllt, ist eine Lösung des linearen Gleichungssystems.

$L = \{(4\,;\,1)\}$

• Gleichsetzungsverfahren

Man löst beide Gleichungen nach derselben Variablen auf.
Durch Gleichsetzen der Terme erhält man eine Gleichung mit einer Variablen.
Man löst diese Gleichung und setzt die Lösung in eine der Gleichungen ein, um die Lösung für die zweite Variable zu bekommen.

(1) $y = 2x - 1$
(2) $y = -x + 5$
(1) = (2): $2x - 1 = -x + 5$
$x = 2$
Einsetzen in (1) ergibt
$y = 3$
$L = \{(2\,;\,3)\}$

• Additionsverfahren

Man formt beide Gleichungen so um, dass beim Addieren oder **Subtrahieren** beider Gleichungen eine Variable wegfällt.
So entsteht eine Gleichung mit einer Variablen.

(1) $3x + 5y = 10$
(2) $4x - 5y = 4$
(1) + (2): $7x = 14$
$x = 2$
$y = 0{,}8$
$L = \{(2\,;\,0{,}8)\}$

modellieren mit linearen Gleichungssystemen

Preise und Angebote können in vereinfachter Form mit linearen Gleichungssystemen verglichen und Entscheidungen vorbereitet werden.
Bei diesem Vorgehen spricht man von **mathematischem Modellieren.**

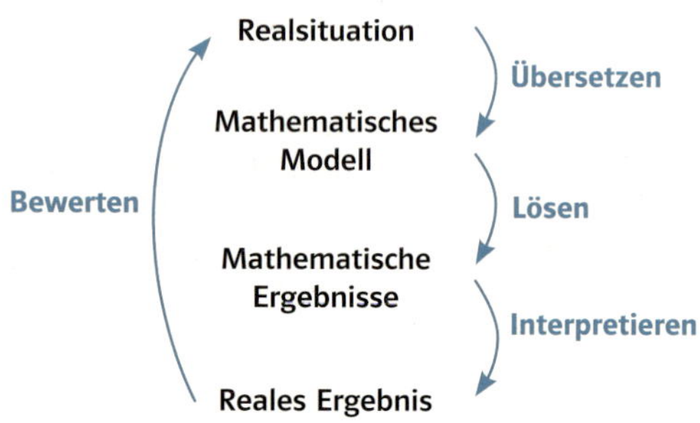

Daten erfassen und auswerten I

Listen

Statistische Erhebungen können in **Listen** erfasst werden.
Die bei der Erhebung ursprünglich aufgestellte Liste heißt **Urliste**. Sie ist in der Regel ungeordnet.
Eine der Größe nach geordnete Liste heißt **Rangliste**.
Eine Liste, in der angegeben wird, wie häufig jeder einzelne Wert vorkommt, heißt **Häufigkeitsliste**.

Bei einem Test können 8 Punkte erreicht werden. In der Liste wird das Testergebnis der 25 Schülerinnen und Schüler erfasst.
Urliste: 4; 6; 6; 2; 6; 0; 3; 7; 6; 5; 5; 3; 6; 6; 4; 8; 7; 3; 3; 6; 5; 8; 5; 7; 6
Rangliste: 0; 2; 3; 3; 3; 3; 4; 4; 5; 5; 5; 5; 6; 6; 6; 6; 6; 6; 6; 6; 7; 7; 7; 8; 8
Häufigkeitsliste:

Punkte	absolute Häufigkeit	relative Häufigkeit	relative Häufigkeit in Prozent
0	1	0,04	4%
1	0	0,00	0%
2	1	0,04	4%
3	4	0,16	16%
4	2	0,08	8%
5	4	0,16	16%
6	8	0,32	32%
7	3	0,12	12%
8	2	0,08	8%

absolute und relative Häufigkeit

In einer statistischen Erhebung können Werte auch mehrfach vorkommen.
Die **absolute Häufigkeit** gibt an, wie oft ein bestimmter Wert vorkommt.
Der Anteil, den die absolute Häufigkeit an der Gesamtzahl der Erhebung hat, heißt **relative Häufigkeit**.

$$\text{relative Häufigkeit} = \frac{\text{absolute Häufigkeit}}{\text{Gesamtzahl}}$$

rel.Häufigkeit für 3 Punkte: $\frac{4}{25} = 0{,}16 = 16\,\%$

Stichprobe

Wird bei einer statistischen Erhebung nur ein Teil der Gesamtheit befragt, so spricht man von einer **Stichprobe**.

Kennwerte

Der kleinste Wert der Liste heißt **Minimum**.
Der größte Wert der Liste heißt **Maximum**.
Die Summe aller Werte dividiert durch den Umfang der Erhebung heißt **Mittelwert**.

0 Punkte sind Minimum.
8 Punkte sind Maximum.

$$\frac{1\cdot 0 + 0\cdot 1 + 1\cdot 2 + 4\cdot 3 + 2\cdot 4 + 4\cdot 5 + 8\cdot 6 + 3\cdot 7 + 2\cdot 8}{25}$$
$$= \frac{127}{25} = 5{,}08$$

Im Durchschnitt wurden etwa 5 Punkte erreicht

Der Wert in der Mitte einer Rangliste heißt **Zentralwert**.
Enthält die Rangliste eine ungerade Anzahl von Werten, so ist der mittlere Wert der Zentralwert.

Rangplatz	1.	2.	3.	4.	5.	6.	7.
Wert	4	6	9	13	17	21	22
				|			
Zentralwert				13			

Enthält die Rangliste eine gerade Anzahl von Werten, so stehen zwei Werte in der Mitte. Als Zentralwert wird dann der Mittelwert dieser beiden Werte genommen.

Rangplatz	1.	2.	3.	4.	5.	6.	7.	8.
Wert	4	6	9	13	17	21	22	25
				|	|			
Zentralwert				$\frac{13+17}{2} = 15$				

Daten erfassen und auswerten II

Daten erfassen

Die Daten einer statistischen Erhebung können durch **Umfragen** oder **Experimente** ermittelt werden.

- **Fragebogen Experiment**

Dazu benötigt man geeignete Fragebögen oder Messmethoden.

Umfrage zum Streitschlichterbedarf.

Fragebogen

Streit mit Mitschülerinnen und Mitschülern habe ich:
☐ nie ☐ manchmal ☐ oft

Ich werde die Streitschlichter aufsuchen.
☐ ja ☐ nein ☐ weiß nicht

Daten auswerten

Um statistische Erhebungen besser auswerten und vergleichen zu können, werden **Kennwerte** ermittelt.

- **Quartile**

Die **Quartile** teilen die Rangliste in vier Abschnitte auf. In jedem Abschnitt befinden sich mindestens 25% aller Werte der Rangliste.

Rangliste mit Rangplatznummerierung:

1.	2.	3.	4.	5.	6.	7.	8.	9.	10.	11.	12.	13.	14.
2	4	5	7	8	8	10	12	13	13	17	18	18	20

- **Bestimmung der Quartile**

In der Rangliste belegen die Daten die Plätze 1 bis n.

n = 14	3,5	7	10,5
Platz	4.	7./8.	11.
Quartil	$q_u = 7$	$z = 11$	$q_o = 17$

- **unteres Quartil**
- **oberes Quartil**
- **Zentralwert**

Multipliziere n mit $\frac{1}{4}$ **(unteres Quartil)**, $\frac{1}{2}$ **(Zentralwert)** und $\frac{3}{4}$ **(oberes Quartil)**. Ist das Ergebnis nicht ganzzahlig, so nimmt man den Wert des nächst höheren Rangplatzes, sonst den Mittelwert aus dem Wert dieses und des nächst höheren Rangplatzes.

11
| 2 4 5 7 8 8 10 12 13 13 17 18 18 20 |
↑ Min ↑ q_u ↑ z ↑ q_o ↑ Max

zentrale Hälfte

Quartilabstand
$q = q_o - q_u = 17 - 7 = 10$

- **Quartilabstand**

Der Unterschied zwischen oberem und unterem Quartil heißt **Quartilabstand q**. Er ist ein Maß für die Dichte der Daten in der zentralen Hälfte.

Daten darstellen und beurteilen

- **Boxplot**

Der **Boxplot** ist eine grafische Veranschaulichung der Quartile. Dabei wird der erste und letzte Abschnitt zwischen Minimum und q_u bzw. Maximum und q_o als Antenne, der zweite und dritte Abschnitt als Box über eine Skala gezeichnet. In der Box wird der Zentralwert markiert.

Boxplot zur Rangliste

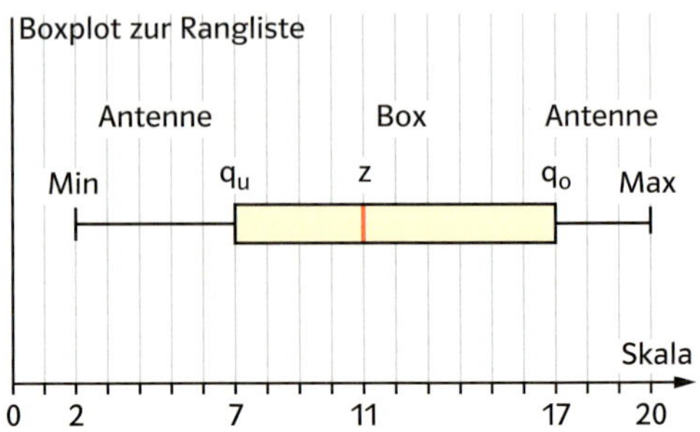

Wahrscheinlichkeitsrechnung

Zufallsversuch
Zufallsgerät

Mithilfe von **Zufallsgeräten** wie Glücksrädern, Würfeln, Losen, Karten usw. werden **Zufallsversuche** durchgeführt.

Der Münzwurf mit zwei Münzen stellt einen Zufallsversuch dar.
Die beiden Münzen sind das Zufallsgerät.

mögliche Ergebnisse

Jedes denkbare Ergebnis eines Zufallsversuchs heißt **mögliches Ergebnis**.

Es gibt vier mögliche Ergebnisse.
(WW); (WZ); (ZW); (ZZ)

Wahrscheinlichkeit eines Ergebnisses

Sind alle möglichen Ergebnisse eines Zufallsversuchs **gleich wahrscheinlich**, so gibt der Bruch

$$\frac{1}{\text{Anzahl der möglichen Ergebnisse}} = \frac{1}{n}$$

die Wahrscheinlichkeit eines jeden Ergebnisses an.

Jedes Ergebnis ist gleich wahrscheinlich und hat die Wahrscheinlichkeit $\frac{1}{4} = 25\,\%$.

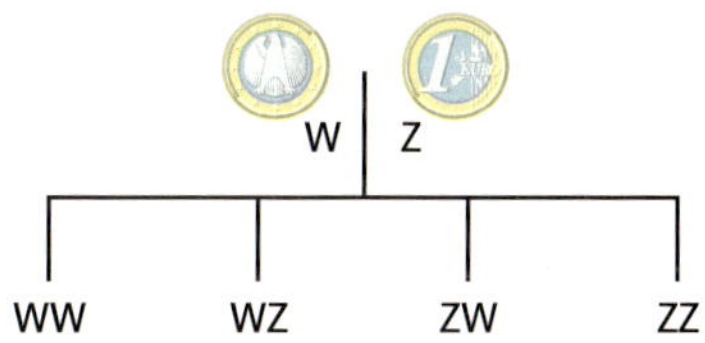

günstige Ergebnisse

Führen mehrere gleich wahrscheinliche Ergebnisse eines Zufallsversuchs zum Ziel, so nennt man diese Ergebnisse **günstige Ergebnisse**.

Hat man den Wunsch, mindestens ein Wappen zu werfen, so gibt es die drei günstigen Ergebnisse (WW), (WZ) und (ZW).

Ereignis

Alle günstigen Ergebnisse eines Zufallsversuchs bilden ein **Ereignis**.

Die drei Ergebnisse (WW), (WZ) und (ZW) bilden das Ergebnis „mindestens ein Wappen werfen".

Wahrscheinlichkeit eines Ereignisses

Der Bruch $\frac{\text{Anzahl der günstigen Ergebnisse}}{\text{Anzahl der möglichen Ergebnisse}} = \frac{m}{n}$ gibt die Wahrscheinlichkeit eines Ereignisses an.

Die Wahrscheinlichkeit für das Ereignis „mindestens ein Wappen werfen" beträgt $\frac{3}{4} = 75\,\%$.

Schätzen von Wahrscheinlichkeiten

Es gibt Zufallsversuche, bei denen die Wahrscheinlichkeiten der möglichen Ergebnisse geschätzt werden müssen. Dazu führt man den Versuch möglichst oft durch und berechnet die relative Häufigkeit. Sie kann als **Schätzwert für die Wahrscheinlichkeit** der möglichen Ergebnisse genommen werden.

Wie groß ist die Wahrscheinlichkeit, dass eine neue Glühbirne defekt ist?
Man testet dazu 10 000 Glühbirnen und findet dabei 12 defekte Glühbirnen. Damit kann die Wahrscheinlichkeit für eine defekte Birne auf $\frac{12}{10\,000} = 0{,}0012 = 0{,}12\,\%$ geschätzt werden.

Zahl

1 a) Berechne.
$(3x - 2)^2 = \square$
b) Ergänze.
$(\square - \square)^2 = 49x^2 - 42xy\ \square$
c) Gib drei verschiedene Lösungen mit ganzzahligen Koeffizienten an.
$(\square + \square)^2 = \square + 48xy + \square$

2 a) Welcher der Terme ist eine Umformung von $(3x - 4)(3x + 4) - 2(x - 5)^2$?
(A) $7x^2 - 20x + 66$ (B) $7x^2 + 20x - 66$
(C) $-7x^2 + 20x + 66$ (D) $9x^2 - 20x - 66$
b) Ergänze.
$(3 - \square)(\square + y) = 3\ \square\ 2y^2$
c) Vervollständige.
$(5a\ \square)^2 = \square\ 70ab\ \square$

3 a) Welcher Term ist äquivalent zu $2x - x(2x - 1)$?
(A) $2x^2 - 3x$ (C) $-2x^2 + 3x$
(B) $-3x^2 - 2x$ (D) $3x^2 - 2x$
b) Anna, Lina und Sofie vergleichen ihre Hausaufgaben.
Anna: $2x - 4(x + 1) = 2x - 4x - 1$
Lina: $2x - 4(x + 1) = 2x - 4x - 4$
Sofie: $2x - 4(x + 1) = 2x - 4x + 4$
Wer hat falsch umgeformt? Erkläre.
c) Welche Aussagen passen zur Gleichung: $x + (x + 1) + (x + 2) = 33$?
A Tina ist um ein Jahr älter als Sina, Sina ist um ein Jahr älter als Nina. Alle zusammen sind 33 Jahre alt.
B Nina ist 2 Jahre älter als Sina, Tina ist um 2 Jahre jünger als Nina. Alle zusammen sind 33 Jahre alt.
C Nina ist 2 Jahre älter als Sina, Sina ist um ein Jahr jünger als Tina. Alle zusammen sind 33 Jahre alt.

4 a) Vereinfache.
$(7x + 6y)^2 - (7x + 6y)(7x - 6y)$
b) Ergänze.
$5x(\square\ 2y) = 35x - \square$
c) Petra behauptet: „Ich wähle zwei beliebige ganze Zahlen aus und bilde deren Summe und deren Differenz. Wenn ich nun die Summe quadriere und das Quadrat der Differenz davon subtrahiere, erhalte ich immer eine durch 4 teilbare Zahl."
Hat Petra Recht?

5 a) Faktorisiere. $121x^2 - 66xy + 9y^2$
b) Klammere vor dem Faktorisieren aus. $50s^2 - 140st + 98t^2$
c) Wenn man die Quadrate von vier aufeinander folgenden Zahlen abwechselnd addiert bzw. subtrahiert, erhält man als Ergebnis immer eine gerade Zahl. Begründe.

6 Die Summe von drei aufeinander folgenden natürlichen Zahlen kann man mit dem Term $x + (x + 1) + (x + 2)$ darstellen.
a) Wie heißen die drei Zahlen, wenn die Summe der beiden letzten Zahlen 35 ist?
b) Wie müsste der Term heißen, wenn x die größte der drei Zahlen ist?
c) Die Summe der drei Zahlen ist 99.
Wie heißen die drei Zahlen?
Warum kann die Summe nicht 100 sein?

7 a) Finde einen Term mit den Variablen x und y, der für $x = 1$ und $y = 2$ den Wert 10 hat.
b) Gib einen Term mit x und y an, der für $x = -2$ und $y = -3$ den Wert 3 ergibt.
c) Gib drei Wertepaare für x und y an, die in den Term $2 \cdot (x - 2y)$ eingesetzt den Wert 6 ergeben?

8 Für die Oberfläche eines Quaders gilt: $O = 2a^2 + 4ah$.

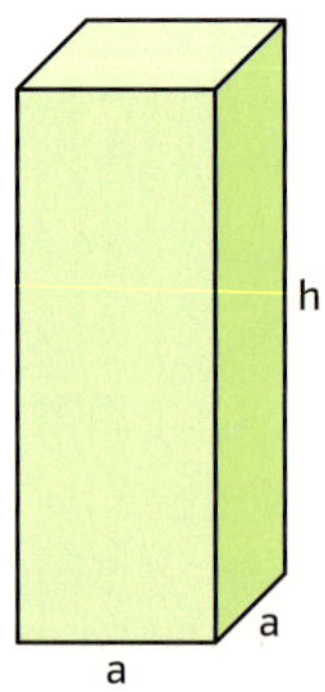

a) Berechne die Oberfläche für $a = 8{,}0\,cm$ und $h = 15{,}0\,cm$.
b) Löse die Formel nach h auf.
c) Die Höhe des Quaders ist um 50 % länger als die Grundkante.
Stelle jeweils eine Formel für das Volumen und die Oberfläche des Quaders auf.

9 Berechne die Größe der beiden Winkel.

a) Es gilt: $\overline{AB} = \overline{BD} = \overline{BC}$.

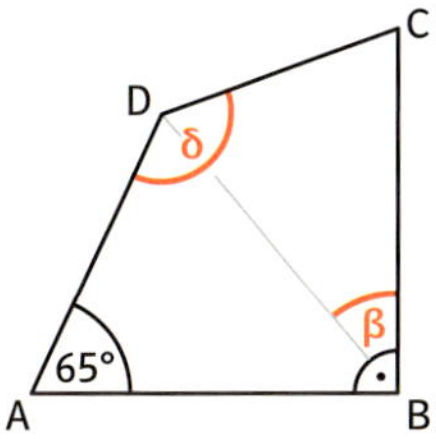

b) Es gilt: $\overline{AB} \parallel \overline{CD}$

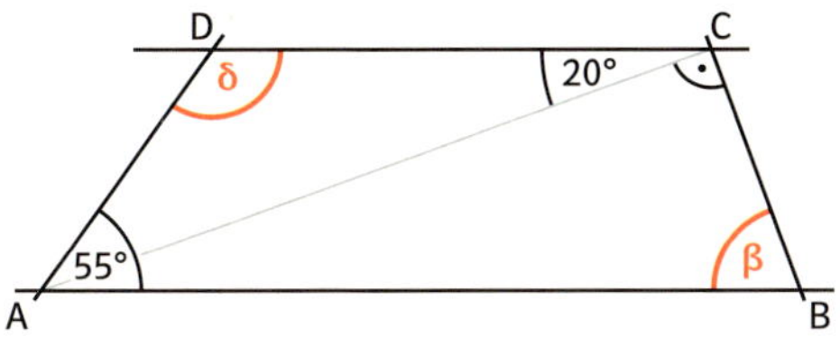

c) Es gilt:
$\overline{AE} = \overline{AD}$; $\overline{CE} = \overline{CD}$; $\overline{BE} = \overline{BC}$

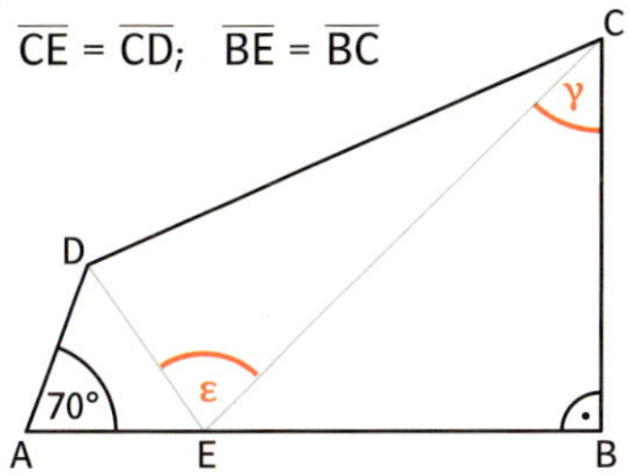

10 a) $\triangle ABC$ und $\triangle ABD$ sind gleichschenklig. Wie groß ist der Winkel γ?

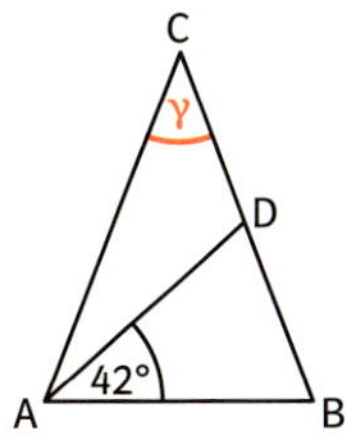

b) Im Dreieck ABC gilt:
$\overline{AC} = \overline{BC}$, $\overline{CE} = \overline{DE}$ und $\overline{AD} = \overline{AE}$
Bestimme den Winkel α.

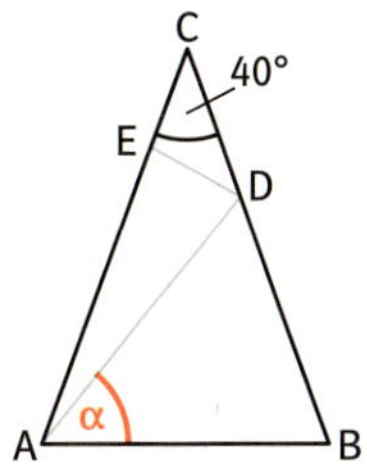

c) Für das Viereck ABCD gilt: $\overline{AB} = \overline{CD}$
Berechne den Winkel γ.

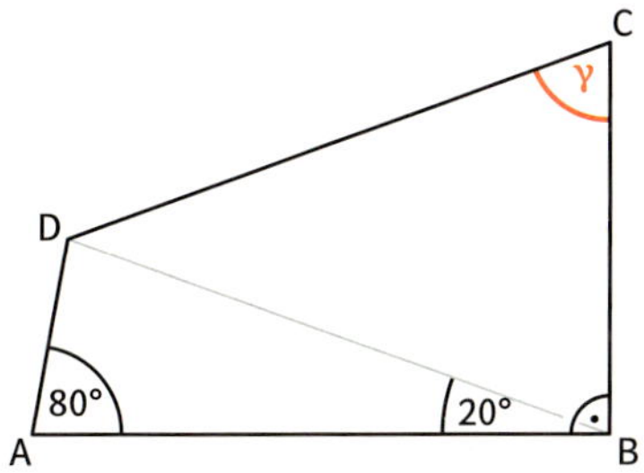

11 a) Berechne den Flächeninhalt des Trapezes. Es gilt: $\overline{AB}$ = 10,2 cm; $\overline{CD}$ = 6,8 cm; Trapezhöhe h = 5,2 cm.

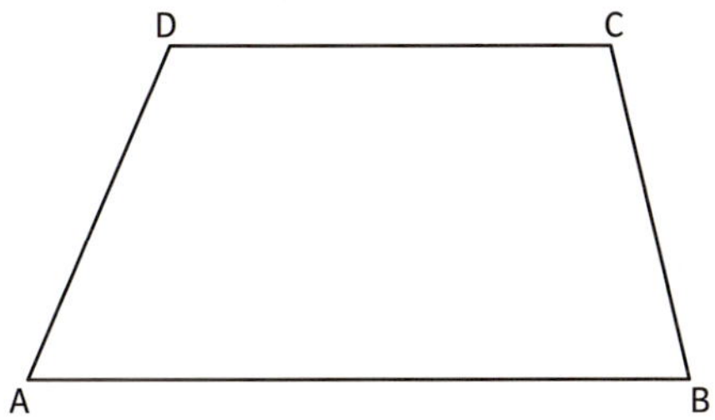

b) Berechne den Inhalt der gelben Fläche.

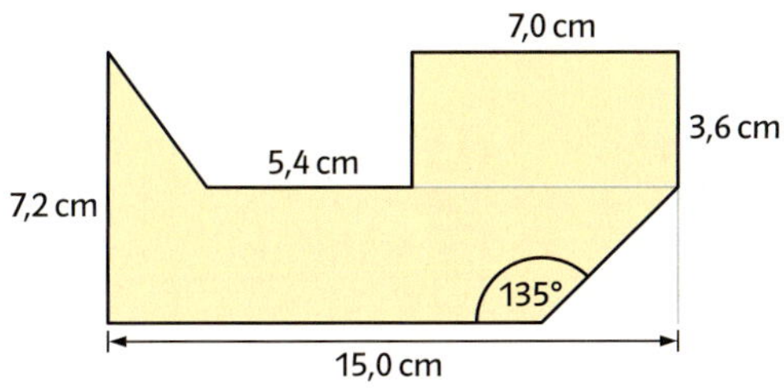

c) Welche Trapeze haben den gleichen Flächeninhalt?

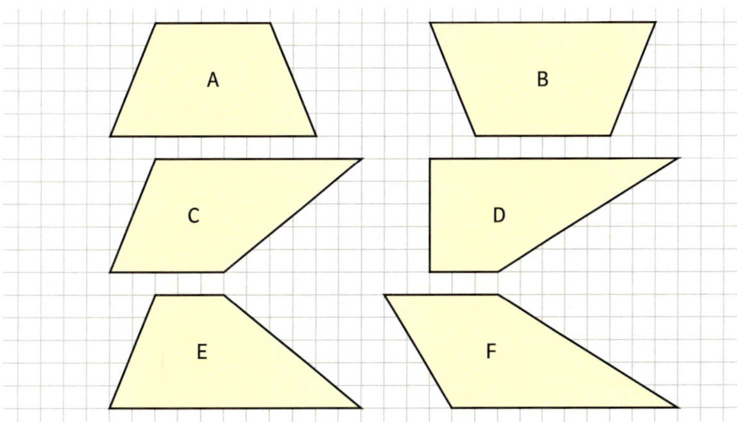

Messen und Raum und Form

Messen und Raum und Form

12 a) Welche Figur gehört zum Text?
Das Viereck ABCD hat in D einen rechten Winkel. Die Diagonalen $\overline{AC}$ und $\overline{BD}$ stehen senkrecht aufeinander. Die Strecke $\overline{AE}$ ist kürzer als die Strecke $\overline{EC}$.

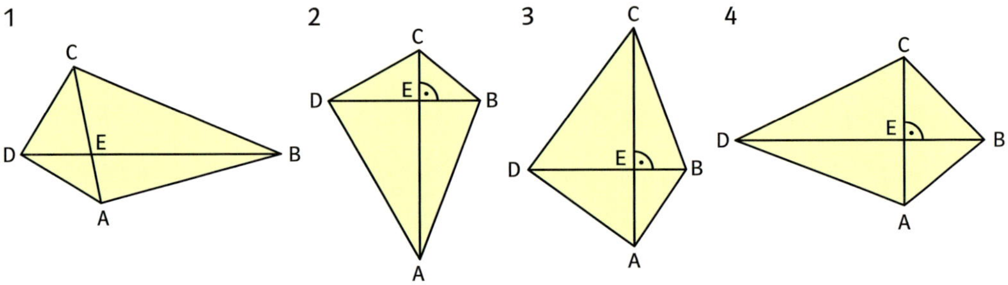

b) Welche der Beschreibungen gehört zur abgebildeten Figur?

A Das Viereck ABCD hat bei D einen rechten Winkel. Die Diagonalen halbieren sich. Die Strecken $\overline{BC}$ und $\overline{CD}$ sind gleich lang.

B Das Viereck ABCD hat bei A einen rechten Winkel. Die Diagonalen halbieren sich nicht. Die Strecken $\overline{BC}$ und $\overline{CD}$ sind gleich lang.

C Das Viereck ABCD hat bei C einen rechten Winkel. Die Diagonalen halbieren sich. Die Strecken $\overline{AD}$ und $\overline{AB}$ sind gleich lang.

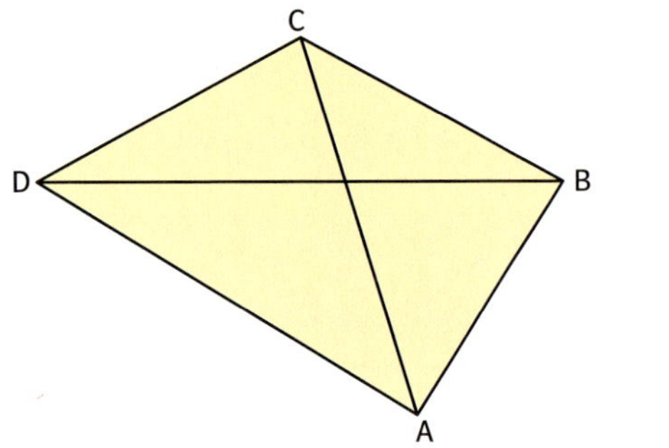

c) Welche Formel gehört zu welchem Körper? Begründe deine Entscheidung.

A $V = a^3 + 3a^2 + 2a$

B $V = 2a^3 - 2a$

C $V = a^3 + 2a^2$

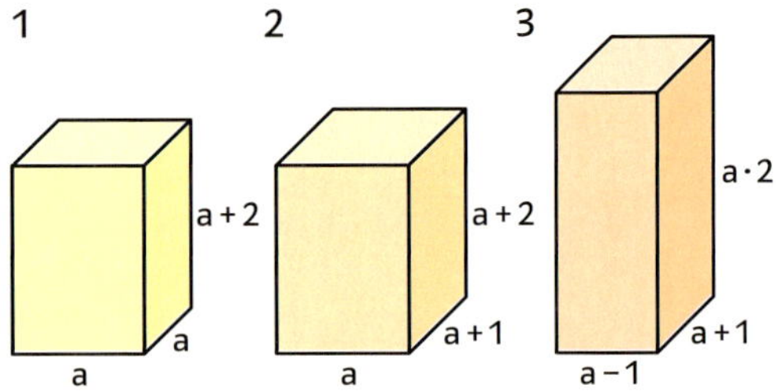

13 a) Konstruiere ein Dreieck aus $a = 6{,}8\,\text{cm}$; $\beta = 43°$ und $\gamma = 64°$.
b) Konstruiere den Umkreis eines Dreiecks mit $a = 4{,}5\,\text{cm}$; $b = 7{,}2\,\text{cm}$ und $\gamma = 72°$.
c) Konstruiere das Dreieck $\triangle ABC$ mit folgenden Maßen:
$a = 10{,}0\,\text{cm}$; $b = 8{,}0\,\text{cm}$; $c = 12{,}0\,\text{cm}$.
Kennzeichne den Teil des Dreiecks, für dessen Punkte P folgende Bedingungen gleichzeitig erfüllt sind:

- P ist höchstens 4 cm von C entfernt.
- P liegt näher bei A als bei B.
- P liegt näher an a als an b.

14 a) Konstruiere ein Dreieck aus $a = 5{,}2\,\text{cm}$; $b = 3{,}5\,\text{cm}$ und $c = 7{,}8\,\text{cm}$. Miss die Innenwinkel.
b) Von einem Dreieck sind zwei Seitenlängen und zwei Winkel bekannt:
$a = 7\,\text{cm}$; $c = 8{,}6\,\text{cm}$; $\alpha = 42{,}5°$; $\beta = 67{,}2°$
Timo zeichnet mit den Bestimmungsstücken a, c und β und behauptet: „In meinem Dreieck misst die Seite $b = 12{,}0\,\text{cm}$."
c) Laurin will ein Dreieck mit den Maßen $a = 7{,}5\,\text{cm}$; $b = 11{,}0\,\text{cm}$ und $c = 18{,}8\,\text{cm}$ konstruieren.

15 a) Wie oft passt der Arbeiter in das Auge? Wie groß ist der Flächeninhalt des gesamten Werbeplakats?
b) Wie viele der 4 mal 6 Zentimeter großen Einzelfotos waren zur Herstellung des Plakats notwendig?
c) Wie groß wäre ein Mensch mit solch einem Auge?

Vor dem riesigen Bild eines Auges steht ein Arbeiter. Das Bild ist auf eine Kunststoffplatte aufgebracht und besteht aus mehreren hunderttausend einzelnen, jeweils 4 mal 6 Zentimeter großen Fotos, die mit Computerhilfe zusammengefügt wurden.

Weser Kurier, 1.12.2000

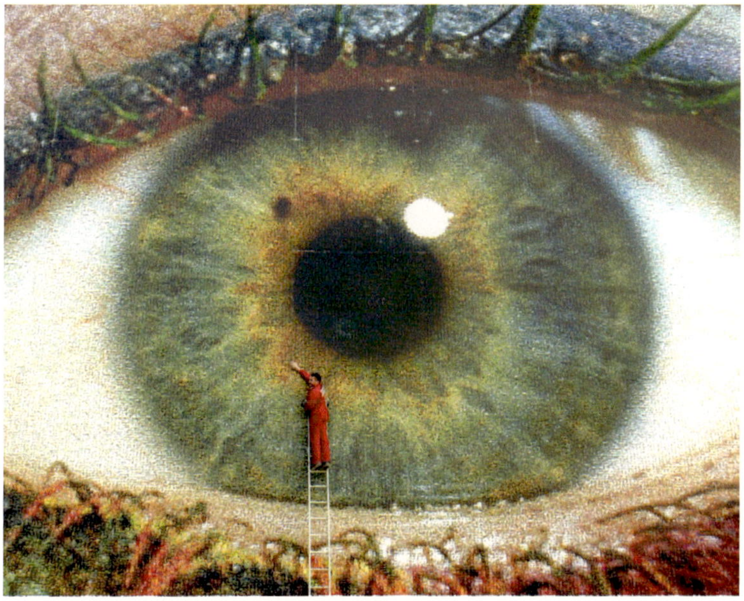

16 a) Bestimme die Größe des in Bronze gegossenen Fußes von Uwe Seeler.
b) Wie viele „normale" Fußballschuhe müssten hintereinander gestellt werden, damit die Größe des Bronzefußes erreicht wird?
c) Wie groß wäre ein komplett in Bronze gegossener Uwe Seeler?

Fuß des ehemaligen HSV-Idols und Ehrenspielführers der Nationalmannschaft Uwe Seeler in Bronze gegossen.
Die 3,9 Tonnen schwere Bronzeskulptur wird am 24. August 2005 in Hamburg enthüllt.

Stuttgarter Zeitung, 15.7.2005

Funktionaler Zusammenhang

17 a) Alle Behälter sind gleich hoch. Sie werden mit Wasser gefüllt. Das Wasser fließt gleichmäßig zu. Welcher Behälter gehört zu welchem Schaubild? Erkläre.

A

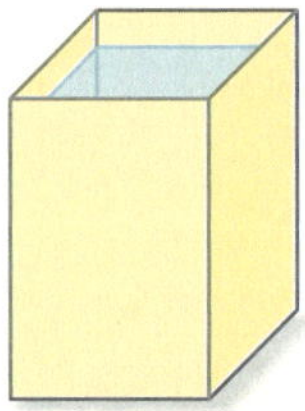

B

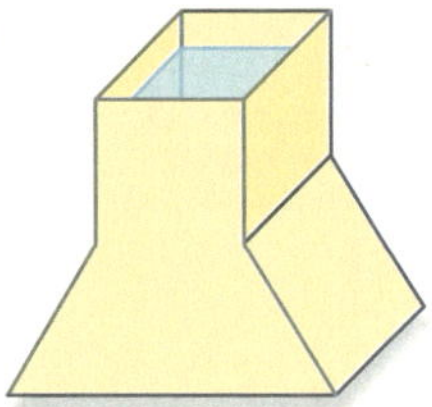

C

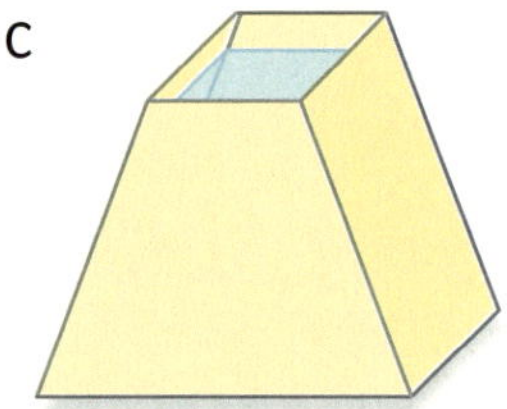

D

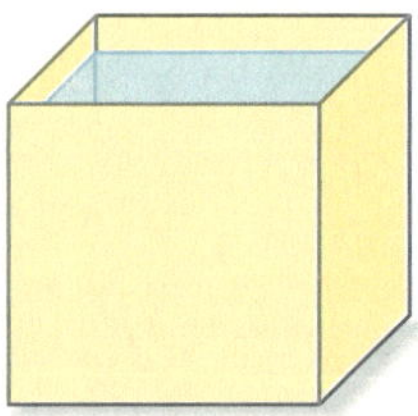

1

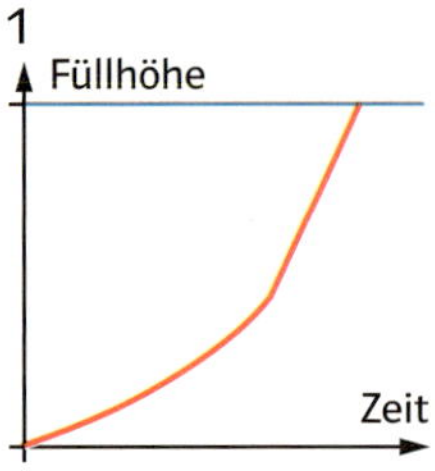

2

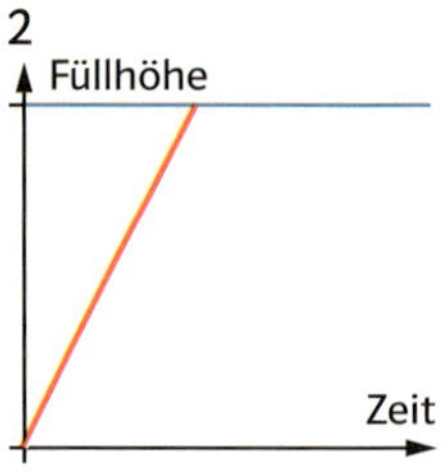

3

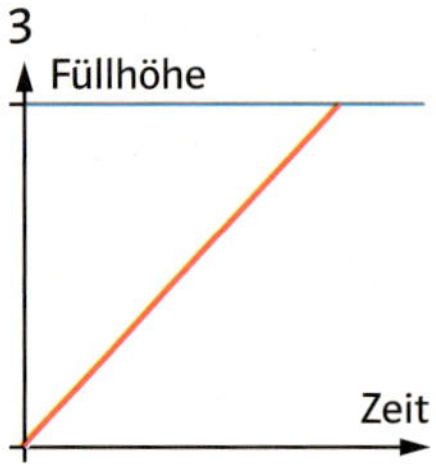

4

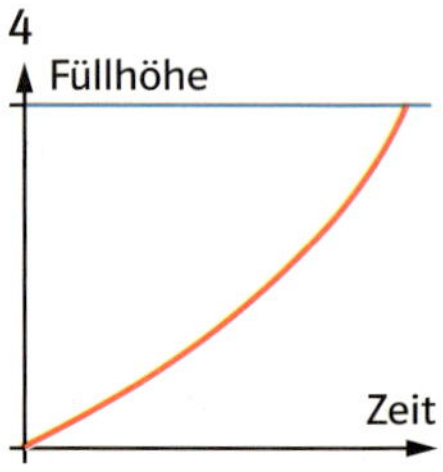

b) Zeichne zu der Geschichte ein passendes Schaubild. Trage die Zeit auf der Waagerechten und die zurückgelegte Wegstrecke auf der Senkrechten ab.
„Jana trainiert ihre Ausdauer durch einen Tempowechsellauf. Nach dem Start läuft sie langsam los. Nach 5 Minuten steigert sie ihr Tempo für die Dauer von 3 Minuten. Anschließend läuft sie 10 Minuten lang wieder das Anfangstempo. Nun sprintet sie 2 Minuten, läuft danach 3 Minuten langsam aus, sprintet erneut über die vorherige Zeitdauer und bleibt 5 Minuten lang stehen und macht Gymnastik."

c) Der aus Würfeln zusammengesetzte Körper wird durch einen gleichmäßigen Wasserzufluss von oben befüllt.
Was wurde im Schaubild falsch gemacht? Welche Fehler findest du? Erkläre sie und korrigiere das Schaubild.

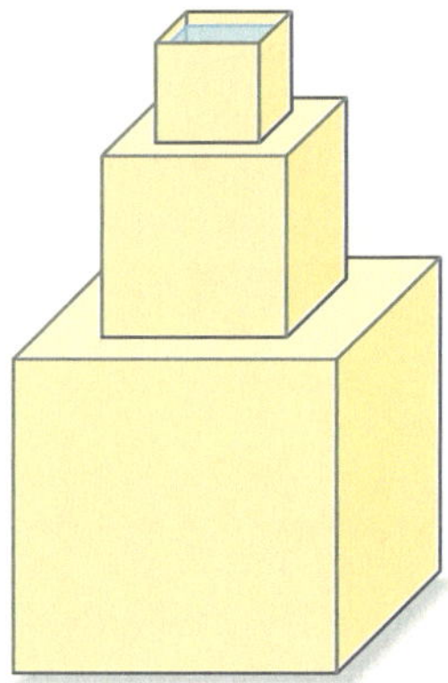

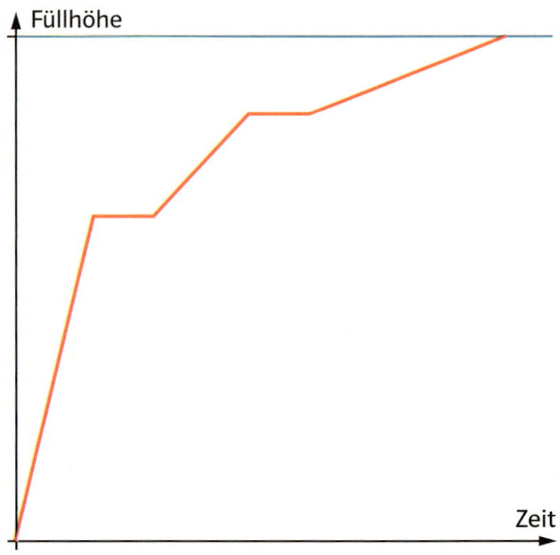

Funktionaler Zusammenhang

18 a) Bestimme die Funktionsgleichungen der Geraden.

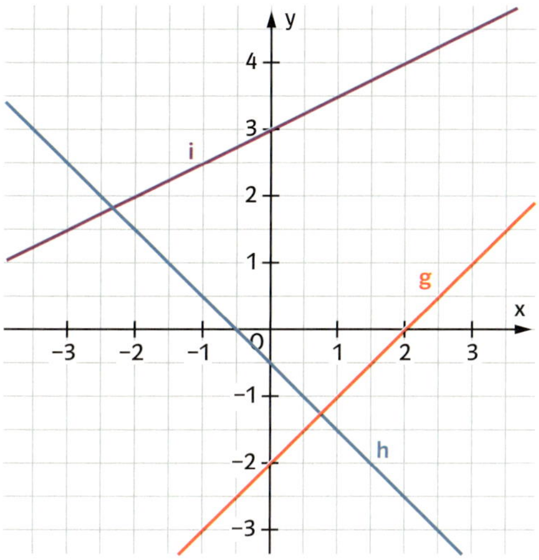

b) Welche der Geraden geht durch den Punkt P(10 | 9)?
c) Die Gerade k verläuft parallel zur Geraden i und geht durch den Punkt Q(−4|−5,5). Bestimme die Funktionsgleichung von k.

19 a) Liegt der Punkt Q(52 | −48) auf der Geraden g?

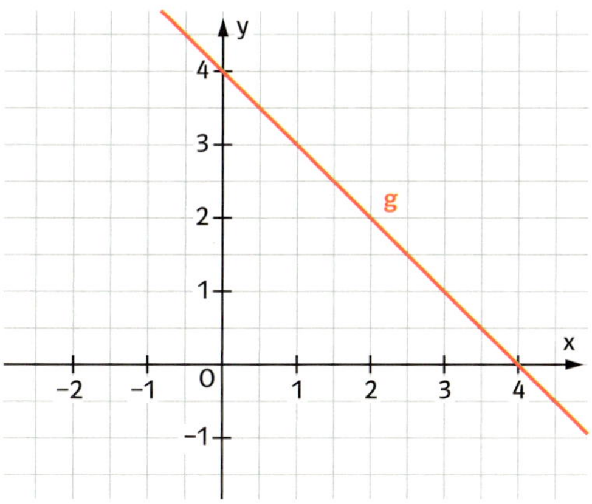

b) Eine weitere Gerade h geht durch P(3 | 1) und bildet zusammen mit der Geraden g und der y-Achse ein gleichschenkliges Dreieck, dessen Basis auf der y-Achse liegt.
Bestimme die Gleichung der Geraden h.
c) Berechne den Flächeninhalt des gleichschenkligen Dreiecks aus b).

20 a) Welche Funktionsgleichung gehört zu welcher Geraden?

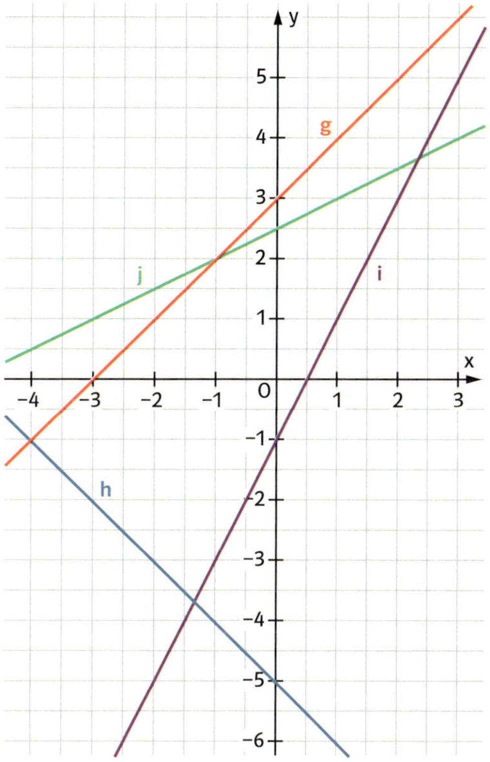

A	$y = -x + 3$	**B**	$y = \frac{1}{2}x - 2$
C	$y = 2x - 1$	**D**	$y = x + 3$
E	$y = -x - 5$	**F**	$y = \frac{1}{2}x + 2{,}5$
G	$y = -2x + 2$	**H**	$y = -\frac{1}{2}x + 2$

b) Durch den Punkt P(7 | 3) kann man beliebig viele Geraden zeichnen. Gib von zwei möglichen Geraden die Gleichungen an.
c) Eine Gerade g geht durch P(4 | 3).
Sie verläuft durch den ersten, dritten und vierten Quadranten. Was kannst du über die Steigung der Geraden aussagen?

21 Die Graphen zweier linearer Funktionen gehen beide durch den Punkt P(3 | 4). Eine der beiden Geraden hat die Steigung $m = \frac{2}{3}$. Die andere Gerade geht durch Q(0 | 7).
a) Zeichne die Geraden in ein Koordinatensystem.
b) Bestimme die Funktionsgleichungen der beiden Geraden.
c) Berechne die Koordinaten der Schnittpunkte mit den Achsen.

Funktionaler Zusammenhang

22 a) Die Tabelle zeigt die Werte einer linearen Funktion. Zeichne das Schaubild. Wie heißt die Funktionsgleichung?

x	−3	−1	2	3	5
y	−7	−3	3	5	9

b) Gehören die beiden Tabellen zur gleichen linearen Funktion? Begründe.

x	−2	5	8
y	4	7,5	9

x	−10	2	7
y	−10	−4	−1,5

c) Eine lineare Funktion hat die Steigung $m = 2$ und geht durch den Punkt $P(-3\,|\,-2)$. Durch welchen der vier Quadranten verläuft die Gerade nicht?
Verschiebe die Gerade parallel, sodass sie durch diesen Quadranten geht.
Gib eine mögliche Funktionsgleichung an.

23 a) Zeichne die Strecke $\overline{AB}$ mit $A(8\,|\,6)$ und $B(-2\,|\,-1)$ ins Koordinatensystem. Gib die Gleichung einer Geraden g an, die die Strecke $\overline{AB}$ halbiert und durch $Q(-3\,|\,4{,}5)$ geht.
b) Diese Gerade g bildet zusammen mit den Koordinatenachsen ein Dreieck. Berechne den Flächeninhalt.
c) Die Gerade h hat die Gleichung $y = -x - 5$. Verändere die Steigung h so, dass sie von $\overline{AB}$ schneidet.

24 a) Welche Geraden begrenzen den Drachen?

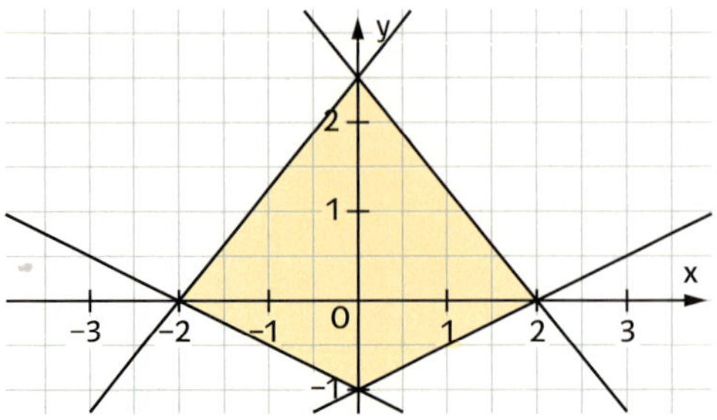

b) Beschreibe Unterschiede und Gemeinsamkeiten der Geraden $y = \frac{1}{3}x$ und $y = 3x$.
c) Gegeben sind die beiden Geraden g mit $y = -x - 1$ und h mit $y = mx + 2$.
Wähle die Steigung m so, dass sich die Geraden im zweiten Quadranten schneiden.

25 Im Schaubild kannst du ablesen, wie zwei Kerzen abbrennen.

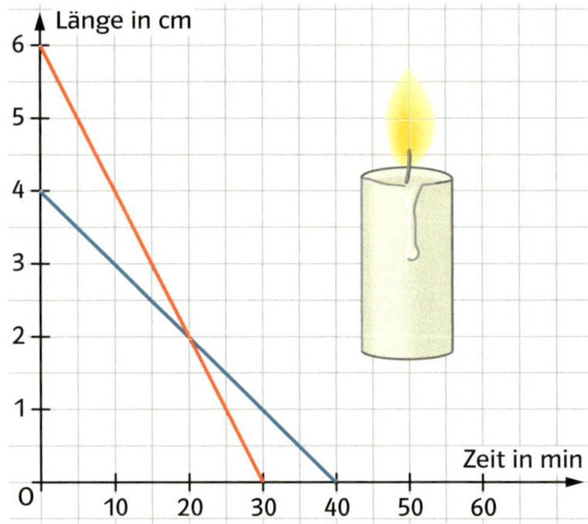

a) Wie lang waren die Kerzen vor dem Anzünden? Welche der beiden Kerzen ist die dickere?
b) Nach welcher Zeit waren die Kerzen gleich weit abgebrannt?
c) Wie lang hätte die rote Kerze sein müssen, damit sie zur gleichen Zeit wie die blaue Kerze vollständig abgebrannt wäre?

26 a) Eine 18 cm lange zylindrische Kerze brennt in 10 Minuten um 15 mm ab.
Wie lange dauert es, bis die Kerze vollständig abgebrannt ist?
b) Drei Kerzen werden gleichzeitig angezündet. Die zugehörigen Graphen verlaufen parallel. Was kannst du über die Form der Kerzen aussagen?
c) Eine 24 cm und eine 12 cm lange Kerze werden gleichzeitig angezündet und brennen ab. Nach 5 Stunden sind beide Kerzen 4 cm hoch. Wie lange brennen die Kerzen jeweils insgesamt?

27 a) Familie Schmid hat eine Fahrstrecke von 500 km, Familie Spatz muss nur 150 km zurücklegen. Gib den beiden Familien einen Ratschlag.
b) Stimmt die Aussage für beide Angebote: Für doppelt so viel Geld können sie doppelt so weit fahren.
c) Bei welcher Fahrstrecke sind beide Angebote gleich günstig?

28 a) Bestimme die Lösung des linearen Gleichungssystems rechnerisch.
(1) $3x + 4y = 1$
(2) $2x - 3y = 12$
b) Wie viele Lösungen hat das lineare Gleichungssystem?
(1) $2y + 10 = 4x$
(2) $3 + 3y = 6x$
c) Woran lässt sich im Schaubild eines linearen Gleichungssystems die Anzahl der Lösungen ablesen?

29 a) Löse das Gleichungssystem zeichnerisch.
(1) $y = \frac{1}{2}x - 4$
(2) $y = -1{,}5x + 2$
Überprüfe deine Lösung durch Rechnung.
b) Löse das lineare Gleichungssystem.
(1) $2x + 5y = 16$
(2) $3x - 5y = -1$
c) In welchem Punkt schneiden sich die beiden Geraden?

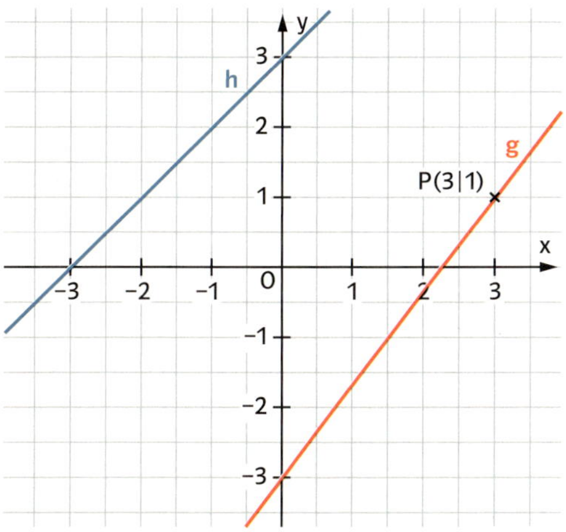

30 a) Löse das Gleichungssystem.
$2(x - 2y) + x = 2(2 - 3y)$
$\frac{1}{2}x - 2y = 3$
b) Frau Bauer kauft Äpfel und Orangen und bezahlt dafür 15,93 €. Insgesamt wiegt das Obst 7 kg. Die Äpfel kosten 1,99 € pro kg, die Orangen 2,49 €.
c) Zwei Mädchen und drei Jungen teilen 200 Kugeln untereinander auf. Beide Mädchen erhalten gleich viele Kugeln.
Jeder Junge erhält doppelt so viele Kugeln wie ein Mädchen.

31 Löse. Bestimme bei der Bruchgleichung auch den Definitionsbereich.
a) $10 - 3(5 - 2x) = 7 - 6x$
b) $(4x - 3)(4x + 3) - (2x + 1)(2x - 1)$
$= 6x(2x - 1) - 2$
c) $\frac{x + 2}{2} + \frac{2}{x} = \frac{x}{2} + 2$

32 a) Gib die Definitionsmenge der Bruchgleichung an.
$\frac{1}{x - 3} = \frac{2}{3x + 4}$
b) Bestimme die Lösungsmenge.
$\frac{1}{2x + 5} = \frac{4 - x}{2x + 5} - \frac{x + 3}{4x + 10}$
c) Salvatore erhält für die Gleichung als Lösung die Zahl 7, Pia die Zahl −25.
Wer von beiden hat Recht? Begründe.
$\frac{x + 9}{x - 7} = \frac{5 - 2x}{3 + x} + 3$

33 a) Löse die Gleichung.
$x(x - 2) - x = (x + 1)^2 - 6$
b) Die Differenz aus dem Dreifachen einer Zahl und 5 ist gleich groß wie das Doppelte der um 1 verminderten Zahl.
Welche der Gleichungen beschreibt das Zahlenrätsel korrekt?
A $3x - 5 = 2x - 1$
B $3 \cdot x - 5 = 2x - 1$
C $3 \cdot x - 5 = 2(x - 1)$
D $3(x - 5) = 2x - 1$
c) Die beiden Seiten eines Rechtecks unterscheiden sich um 5,0 m.
Der Umfang beträgt 70,0 m.
Berechne den Flächeninhalt.

34 a) Harald hat doppelt so viele 1-Euro-Münzen wie Martina.
Insgesamt haben sie 30 Euro.
Drücke diesen Sachverhalt in einem linearen Gleichungssystem aus und berechne die Anzahl der Münzen von Martina.
b) Manuela hat drei 1-Euro-Münzen mehr als Henning. Zusammen haben sie 73 €.
Stelle die zugehörige Gleichung auf und berechne die Anzahl der Münzen.
c) Harald sagt zu Martina: „Ich habe dreimal so viele 1-Euro-Münzen wie du, und ich habe auch drei 1-Euro-Münzen mehr als du.“ Martina wundert sich und sagt: „Meinst du vielleicht, dass du 3-mal so viel Geld hast wie ich und auch 3 € mehr?“

Zahl

35 a) Der Körper ist aus einem Quader und einem Würfel zusammengesetzt. Berechne sein Volumen.

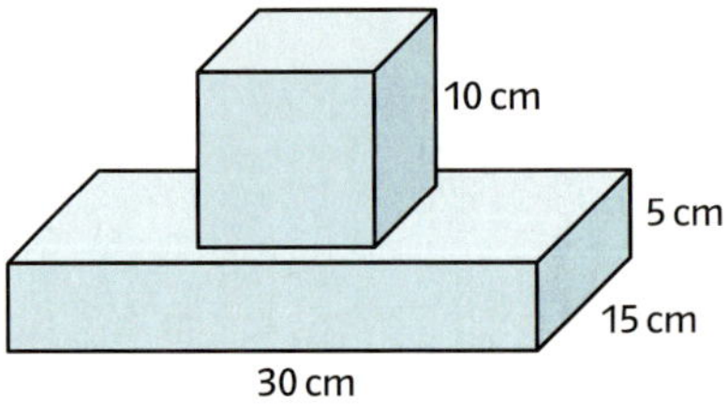

b) Aus einem Würfel wird ein zweiter Würfel mit der halben Kantenlänge herausgearbeitet. Wie groß ist die Oberfläche des entstandenen Körpers?

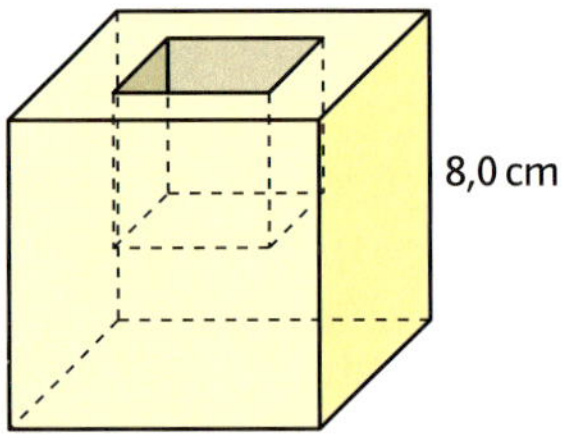

c) Von einem Würfel mit der Kantenlänge 15,0 cm werden 8 Ecken abgeschnitten. Erkläre, warum sich die Oberfläche nicht ändert.

36 Der Würfel ist in drei Richtungen ausgeschachtet.
a) Berechne sein Volumen wenn der vollständige Würfel eine Kantenlänge von 12,0 cm hat.
b) Wie groß ist die neue Oberfläche?
c) Wie hat sich die Oberfläche prozentual verändert?

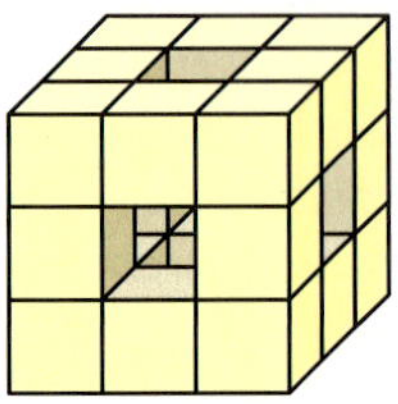

37 Vom Quader wurden zwei Teilwürfel entfernt. Die Teilwürfel haben eine Kantenlänge von 8 cm.
a) Berechne das Volumen des neu entstandenen Körpers.
b) Wie groß ist die Oberfläche des neu entstandenen Körpers?
c) Wenn man bestimmte Teilwürfel vom Quader entfernt, vergrößert sich die Oberfläche. Wie viele davon müssen mindestens herausgebrochen werden, damit die Oberfläche des ursprünglichen Quaders um mindestens 10 % zunimmt?

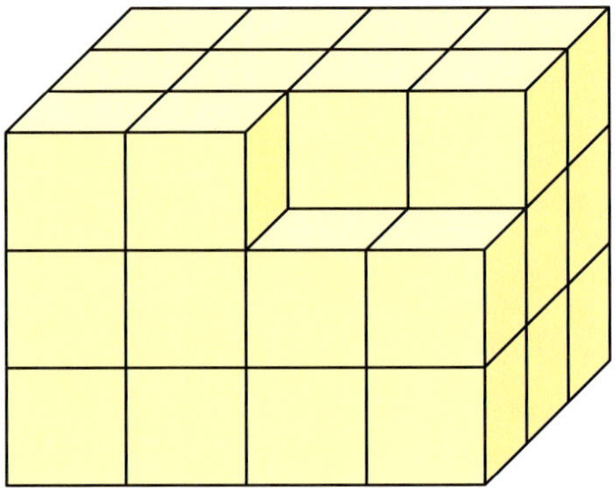

38 Auf dem Würfelnetz sind Linien eingezeichnet.

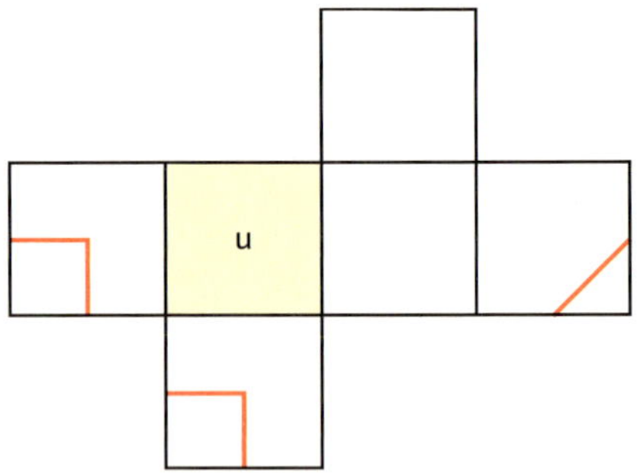

a) Zeichne das Schrägbild mit den Linien.
b) Zerschneidet man den Würfel längs der Linien, entstehen zwei Schnittflächen. Von welcher Art sind sie? Begründe.
c) Durch die zwei Schnitte wird der Würfel in zwei Teilkörper zerlegt. Das Volumen des kleinen Körpers verhält sich zum gesamten Würfelvolumen wie

1:8 1:10 1:15 1:16.

Das Volumenverhältnis der Teilkörper ist

2:8 1:14 1:15 1:16 1:17.

39 Das Dreiecksprisma hat ein Volumen von $750\,cm^3$.

a) Berechne die Höhe des Prismas.

b) Wie groß ist die Oberfläche?

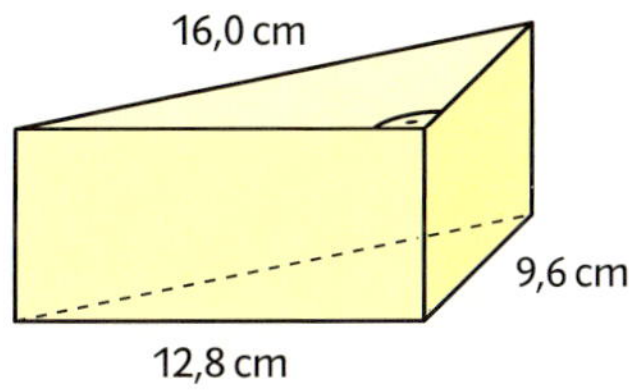

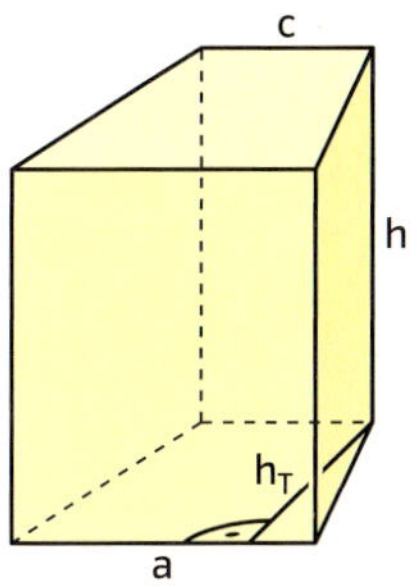

c) Ein weiteres Prisma hat eine trapezförmige Grundfläche. Die Maße sind: a = 6,4 cm; c = 3,6 cm; h = 8,0 cm und $V = 300\,cm^3$.
Berechne die Länge der Höhe h_T.

40 Zwei Trapezprismen werden zusammengesetzt. Dabei werden je zwei kongruente Flächen ohne Überstand verklebt.

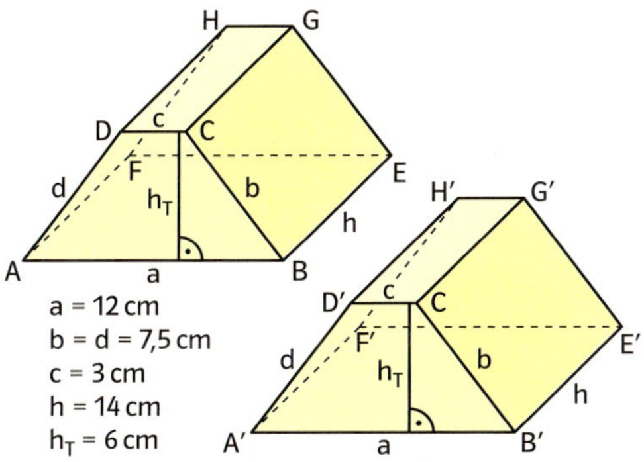

a) Wie viele Möglichkeiten gibt es? Sind alle zusammengesetzte Körper Prismen?

b) Berechne die Oberflächen der Körper aus a).

c) Für die zwei Prismen soll jetzt h = 12 cm gelten. Beantworte Frage a) für diese neue Vorgabe.

41 Der aus drei Quadern zusammengesetzte Glaskörper ist mit Wasser gefüllt.

Raum und Form

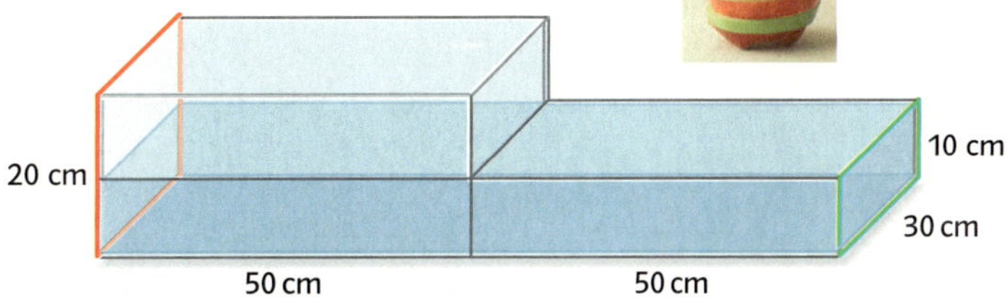

a) Wie hoch steht das Wasser, wenn der Körper auf die rote Seitenfläche gestellt wird?

b) Wie hoch steht das Wasser, wenn der Körper auf der grünen Seitenfläche steht?

c) Wie hoch steht das Wasser, wenn der Körper auf die Vorderfläche gestellt wird?

42 Die abgebildeten Figuren sind Grundflächen von volumengleichen Prismen.

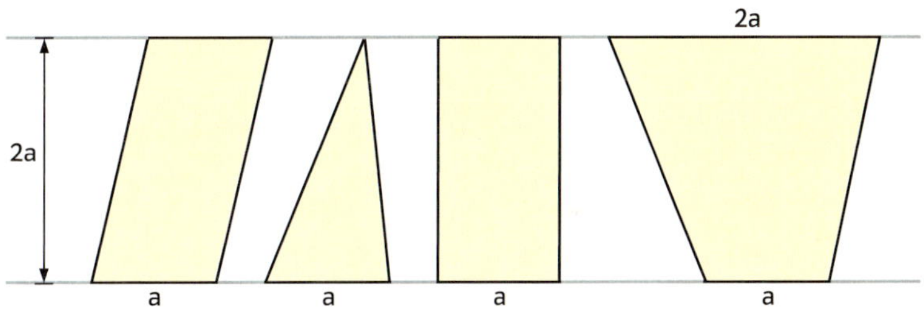

a) Welche Prismen sind gleich hoch?

b) Das Prisma mit der rechteckigen Grundfläche ist 12 cm hoch.
Wie hoch sind dann die anderen Prismen?

c) Vergleiche die Höhen der vier Prismen.

43 a) Ergänze das Netz des Trapezprismas.

b) Wie groß ist die Oberfläche des Trapezprismas?

c) Ergänze das Netz des Dreiecksprismas und trage den farbigen Streckenzug ein. Miss die Länge des Streckenzugs.

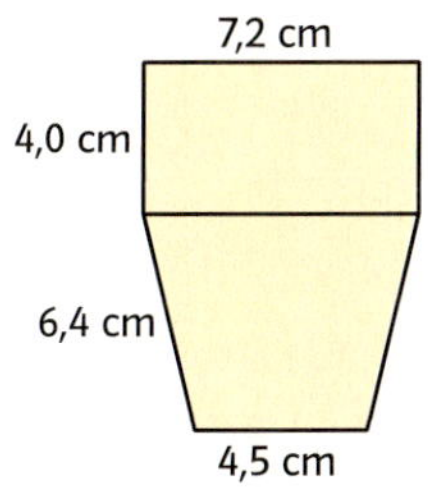

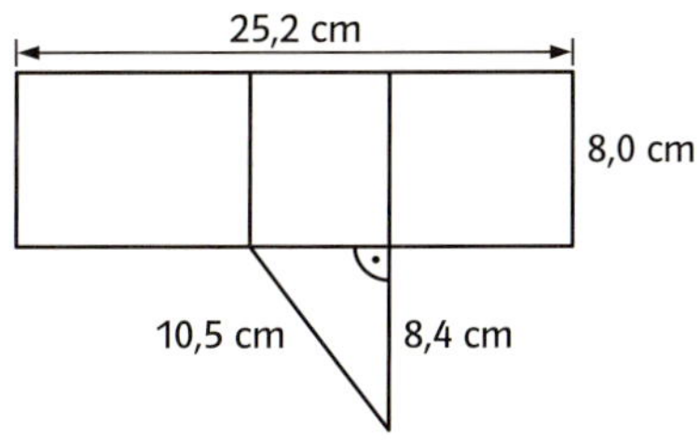

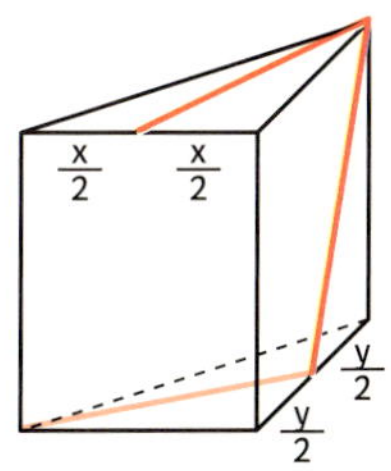

Funktionaler Zusammenhang

44 a) Frau Metzger kauft im Schlussverkauf einen Mantel. Der um 7,5 % reduzierte Preis beträgt dann 222 €.
b) Der Wert einer Antikvase erhöht sich um 12,8 %. Sie kostet dann 1522,80 €.
c) Wegen einer Geschäftsaufgabe werden alle Waren um 20 % verbilligt. Eine Kaffeemaschine wird anschließend nochmals um 50 € billiger verkauft. Sie kostet dann noch 590 €. Um wie viel Prozent wurde der Preis insgesamt reduziert?

45 a) Insgesamt 25 % gespart. Die Jeans kostet jetzt nur noch 69,90 €. Was kostete sie ursprünglich?

A 52,43 € **B** 87,38 €
C 93,20 € **D** 94,90 €

b) Ein Paar Schuhe wird um 10 € verbilligt. Anschließend wird der Preis nochmals um 10 % reduziert. Sie kosten dann 89,10 €.
c) Ein Viertel aller Mitglieder des Sportvereins spielt Tennis. Die Hälfte der Tennisspieler laufen zusätzlich noch Ski.
Wie viel Prozent aller Mitglieder spielen Tennis und laufen gleichzeitig auch Ski?

46 a) Der Preis einer Limonade ist von 1,50 € auf 1,80 € gestiegen. Um wie viel Prozent ist er gestiegen?

A 10 % **B** 15 %
C 20 % **D** 25 %

b) Eine Schokoladentafel ist um 50 % leichter als vorher. Sie wiegt jetzt 150 g.
c) Lara erhält im 1. Lehrjahr eine Ausbildungsvergütung von netto 390 €. Auf die Brutto-Ausbildungsvergütung zahlt sie 15 % Lohnsteuer und 150 € Abgaben.

47 Aus der Werbung: Das neue 4,5 kg Sparpaket! Jetzt 12,5 % mehr Inhalt zum neuen Preis von 16,99 €.
a) Was hat das bisherige Paket gewogen?
b) Auf einem alten Paket steht der Preis 14,99 €. Was meinst du?
c) Auf einem anderen Werbeplakat steht: „Der Preis wird um 20 % reduziert. Davon dürfen Sie noch ein Drittel des Preises abziehen."
Kostet die Ware dann mehr oder weniger als die Hälfte des ursprünglichen Preises?

48 Das Freizeitbad Toll-Aqua erhöht seine Preise.

	Vor der Erhöhung:	Nach der Erhöhung:
Jugendliche	2,00 €	2,50 €
Erwachsene	3,30 €	4,00 €

a) Für welche Altersgruppe hat sich der Preis prozentual stärker erhöht?
b) Eine Saisonkarte kostet für Jugendliche vor der Erhöhung 38,40 €.
Rechne mit derselben prozentualen Verteuerung wie beim Einzeleintritt.
c) Die Tabelle zeigt die Preisentwicklung bei der Familien-Saisonkarte.

	Vor der Erhöhung:	Nach der Erhöhung:
1. Erwachsener	63,90 €	75,00 €
2. Erwachsener	48,50 €	60,00 €
1. Kind	23,00 €	23,00 €
2. Kind	11,50 €	11,50 €
3. Kind	–	–

Um wie viel Prozent hat sich der Preis für eine fünfköpfige Familie verteuert?

49 a) Herr Boll kauft eine Bohrmaschine. Er erhält 3 % Skonto. Dies sind 14,67 €. Welchen Betrag muss Herr Boll an der Kasse bezahlen?

b) Ein Skateboard wird zweimal nacheinander um 10 % verbilligt. Es kostet jetzt 121,50 €. Berechne den ursprünglichen Preis.
c) Im Räumungsverkauf wird ein Fahrrad um die Hälfte billiger angeboten. Da es nicht verkauft wird, entschließt sich der Händler, den Preis nochmals zu halbieren. Welche Aussage ist richtig?

A Es kostet jetzt weniger als 30 % des ursprünglichen Preises.
B Der Preisnachlass beträgt drei Viertel des anfänglichen Preises.
C Das Fahrrad ist jetzt umsonst zu haben.

Funktionaler Zusammenhang und Daten

50 a) Leon zahlt bei einem Zinssatz von 13,5 % für eine Zeitdauer von 80 Tagen einen Zinsbetrag von 75 €.
b) Marie zahlt für 1 Jahr und 9 Monate einen Betrag von 5000 € auf einen Sparvertrag ein. Der Zinssatz beträgt 3,8 %.
c) Frau Berg bekommt für eine Spareinlage von ihrer Bank 3,0 % Zinsen.
Wenn der Zinssatz sich auf 5,0 % erhöhen würde, bekäme sie 150 € mehr Zinsen. Wie hoch ist die Spareinlage?

51 a) Frau Grün überzieht ihr Girokonto 12 Tage lang um 1800 €. Die Bank verrechnet einen Zinssatz von 14,75 %.
b) Familie Bauer möchte ihre Wohnung neu einrichten. Der Gesamtpreis beträgt 18 000 €. Sie zahlt 9500 € an. Für den Restbetrag muss sich Familie Bauer zwischen zwei Angeboten entscheiden.

Stadtsparkasse
Kleinkredit für 6 Monate.
Jahreszinssatz: 9,5 %

Möbelhaus Gigant
Rückzahlung in 6 Monatsraten zu je 1500 €

c) Familie Roth liegen zwei Darlehensangebote vor.

Bank A: Zinssatz 12 %; Laufzeit 1 Jahr; keine Bearbeitungsgebühr
Bank B: Zinssatz 9 %; Laufzeit 1 Jahr; 200 € Bearbeitungsgebühr

Ab welchem Betrag ist die Bank B günstiger?

52 Frau Schwarz vergleicht die Angebote zweier Banken.

Bank A: Darlehen 18 000 €
600 € Zinsen für 5 Monate
Bank B: Darlehen 18 000 €
960 € Zinsen für 8 Monate

a) Wie soll sie sich entscheiden?
b) Frau Schwarz entscheidet sich ganz anders und leiht bei Bank C. Dort zahlt sie nach einem Jahr 1350 € Zinsen.
c) Frau Schwarz überlegte, ihr Guthaben von 3000 € bei Bank D aufzulösen, wo sie 2,25 % Zinsen pro Jahr erhält. Den Rest will sie bei einer der Banken A–C leihen. Bewerte die Situation nach einem Jahr.

53 Victoria und Giovanni haben die Einnahmen der Schülercafeteria notiert:

27,05 €; 18,50 €; 36,40 €; 43,10 €; 19,30 €; 28,90 €; 52,45 €; 36,20 €; 30,60 €

a) Bestimme Minimum, Maximum und Spannweite.
b) Berechne Mittelwert und Zentralwert.
c) Die beiden Einnahmen 15,60 € und 76,90 € kommen noch hinzu. Vergleiche erneut Mittelwert und Zentralwert.

54 Die Liste zeigt die Internetnutzung in Stunden aller Schülerinnen und Schüler der Klasse 8 a während einer Woche.

17; 10,5; 1,5; 6,5; 9; 23; 8; 0; 7,5; 4; 28; 15; 11,5; 14; 6; 8,5; 2; 0,5; 12; 5,5; 3; 7; 10,5; 1,5; 3,5

a) Ermittle Minimum, Maximum und Spannweite.
b) Bestimme das obere und das untere Quartil. Wie groß ist der Quartilabstand?
c) Bestimme den Mittelwert und den Zentralwert. Streiche aus der Liste die beiden größten und die beiden kleinsten Werte. Wie ändert sich der Mittelwert, wie der Zentralwert?

55 Die Daten zeigen die monatlichen Ausgaben der Klasse 8 a.

Lea 17 €	Tina 42 €	Sina 20 €
Anna 22 €	Nina 22 €	Rosetta 30 €
Jana 18 €	Janine 15 €	Sheela 34 €
Sarah 28 €	Pia 20 €	Olga 32 €
Tom 33 €	Benni 10 €	Ahmed 22 €
Paul 19 €	Mark 16 €	Fabio 46 €
Tim 42 €	Max 36 €	Dirk 19 €

a) Bestimme sämtliche Kennwerte.
b) Erstelle für die Mädchen und die Jungen jeweils einen Boxplot.
Welche Aussage kannst du damit treffen?
c) Die Boxplots zeigen die Ausgaben der Parallelklasse. Vergleiche.

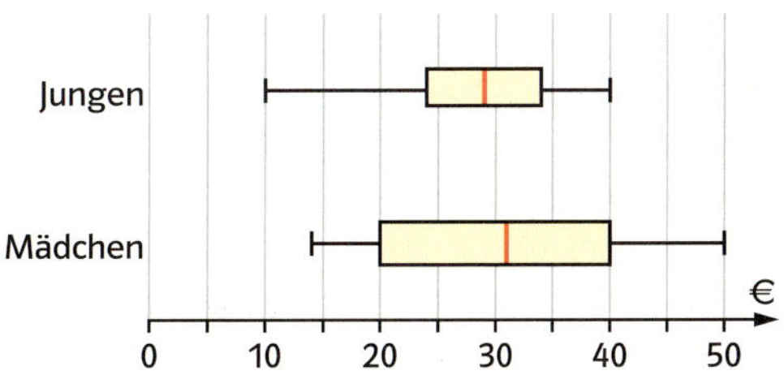

56 a) Marco und Stefan sollen sich entscheiden, wer als Erster die Spielkarten ausgibt. Mache Vorschläge für geeignete Zufallsversuche.
b) Welche Zufallsgeräte werden bei den folgenden Spielen benutzt?

- Domino
- Roulette
- BINGO
- Schach
- Skat
- Kniffel

c) Gib die möglichen Ergebnisse der Zufallsversuche an.
- Zwei Münzen werden geworfen.
- Zwei Würfel werden geworfen.
- Das abgebildete Glücksrad wird gedreht.

57 a) Bestimme die Wahrscheinlichkeit, aus einem Kartenspiel mit 32 Karten die Kreuz-Dame zu ziehen.
b) Nicola kann zwischen zwei Möglichkeiten wählen:
- mit dem Würfel eine Sechs würfeln
- aus einem Gefäß mit drei roten und zwölf blauen Kugeln eine rote Kugel ziehen.

Bei welchem Versuch hat sie die höhere Gewinnchance?
c) Zeichne verschiedene Glücksräder, bei denen die Farbe Gelb eine Wahrscheinlichkeit von 25 % hat.

58 a) In einer Lostrommel befinden sich 55 % Nieten, 32 % Trostpreise, 12 % große Gewinne und sechs Hauptgewinne. Wie viele Lose befinden sich insgesamt in der Lostrommel?
b) In einer zweiten Lostrommel befinden sich 800 Lose. Bestimme die Wahrscheinlichkeit, einen Gewinn zu ziehen, wenn 700 Nieten dabei sind.
c) Wie viele Nieten befinden sich in einer Lostrommel mit 780 Losen, wenn die Wahrscheinlichkeit für einen Gewinn $\frac{1}{5}$ beträgt?

59 a) Andreas wirft einen Würfel 500-mal und erhält folgende absolute Häufigkeiten.

Augenzahl	1	2	3	4	5	6
Häufigkeit	0	234	0	114	0	152

Was meinst du zu diesem Ergebnis?
b) Es soll geschätzt werden, mit welcher Wahrscheinlichkeit ein Reißnagel beim Werfen auf den Kopf bzw. auf die Seite fällt.

Name	Schätzung	
	Kopf	Seite
Stefan	26 %	74 %
Lisa	28 %	71 %
Robin	31 %	69 %
Martin	35 %	68 %

Welche Schätzungen sind sicher falsch? Begründe.
c) Mit dem abgebildeten Quader soll gewürfelt werden.

Bei einem Experiment wurde für die Augenzahl 6 eine Wahrscheinlichkeit von 10 % ermittelt. Mit welcher Wahrscheinlichkeit tauchen die übrigen Augenzahlen auf?

60 a) In einem Test von 4800 CD-Playern werden 16 defekte Geräte entdeckt. Wie groß ist die Wahrscheinlichkeit, ein defektes Gerät zu erhalten?
b) Bei der Herstellung eines Elektrogerätes beträgt die Wahrscheinlichkeit für ein defektes Gerät 0,4 %. Die Herstellerfirma liefert 6000 Geräte aus.
c) Die Tabelle zeigt die drei besten Torwandschützen der Klasse 8 a.
Beim Schulfest sollen die Klassenbesten der Jahrgangsstufe gegeneinander antreten. Wen soll die 8 a für den Wettbewerb auswählen?

	Versuche	Treffer
Frank	44	27
Stefan	32	15

Lösungen des Sammelpunktes

1

a) $(3x-2)^2 = 9x^2 - 12x + 4$
b) $(7x-3y)^2 = 49x^2 - 42xy + 9y^2$
c) $(4x+6y)^2 = 16x^2 + 48xy + 36y^2$
$(3x+8y)^2 = 9x^2 + 48xy + 64y^2$
$(2x+12y)^2 = 4x^2 + 48xy + 144y^2$

2

a) (B)
b) $(3-2y)(1+y) = 3 + y - 2y^2$
c) $(5a-7b)^2 = 25a^2 - 70ab + 49b^2$
oder $(5a+7b)^2 = 25a^2 + 70ab + 49b^2$

3

a) (C)
b) Anna und Sofie
c) A und C

4

a) $84xy + 72y^2$
b) $5x(7-2y) = 35x - 10xy$
c) Ja, Petra hat Recht. Es bleibt nach der Vereinfachung der Term $4xy$ übrig, d.h. das Ergebnis ist durch 4 teilbar.
Termansatz: $(x+y)^2 - (x-y)^2$

5

a) $121x^2 - 66xy + 9y^2 = (11x-3y)^2$
b) $50s^2 - 140st + 98t^2 = 2(5s-7t)^2$
c) Termansatz: $x^2 - (x+1)^2 + (x+2)^2 - (x+3)^2 = -4x - 6$
$= 2(-2x-3)$
Das Ergebnis ist also durch 2 teilbar und somit gerade.

6

a) Die Zahlen heißen 16; 17 und 18.
b) $x + (x-1) + (x-2)$
c) Die drei Zahlen heißen 33; 34; 35.
Der Term $x + (x+1) + (x+2)$ ergibt umgeformt den Term $3x + 3$. Dieser Term ist durch 3 teilbar.
Die Summe 100 ist nicht durch 3 teilbar.

7

a) z.B. $4x + 3y$
b) z.B. $3x - 3y$
c) z.B. $x = 1$ und $y = -1$; $x = 5$ und $y = 1$;
$x = -1$ und $y = -2$

8

a) $O = 2a^2 + 4ah$
$O = 2 \cdot 8^2 + 4 \cdot 8 \cdot 15$
$O = 608\,cm^2$
b) $h = \frac{O - 2a^2}{4a}$
c) $V = 1{,}5a^3$; $O = 8a^2$

9

a) $\delta = 135°$; $\beta = 40°$
b) $\delta = 125°$; $\beta = 70°$
c) $\gamma = 45°$; $\varepsilon = 80°$

10

a) $\gamma = 42°$
b) $\alpha = 50°$
c) $\gamma = 70°$

11

a) $A = 44{,}2\,cm^2$
b) $A = 77{,}4\,cm^2$
c) A, C, D, E

12

a) (3)
b) (B)
c) 1C; $V = a^2(a+2) = a^3 + 2a^2$
2A; $V = a(a+1)(a+2) = (a^2+a)(a+2)$
$= a^3 + 2a^2 + a^2 + 2a = a^3 + 3a^2 + 2a$
3B; $V = (a-1)(a+1)\,2a = (a^2-1)\,2a = 2a^3 - 2a$

13

a)

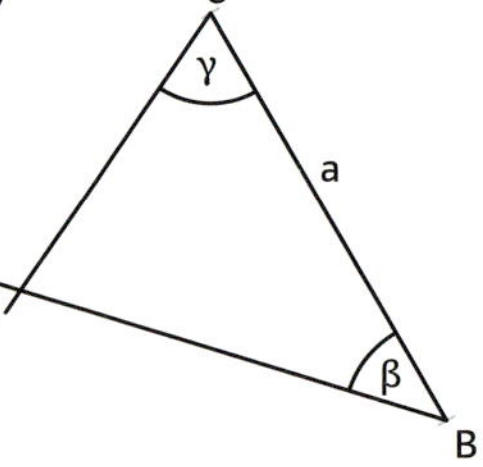

b)

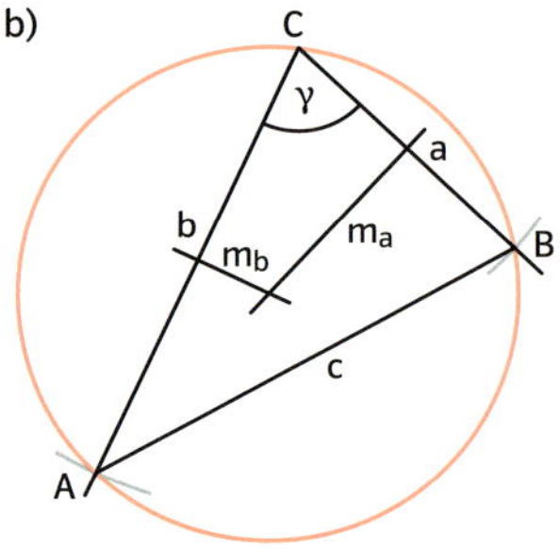

c)

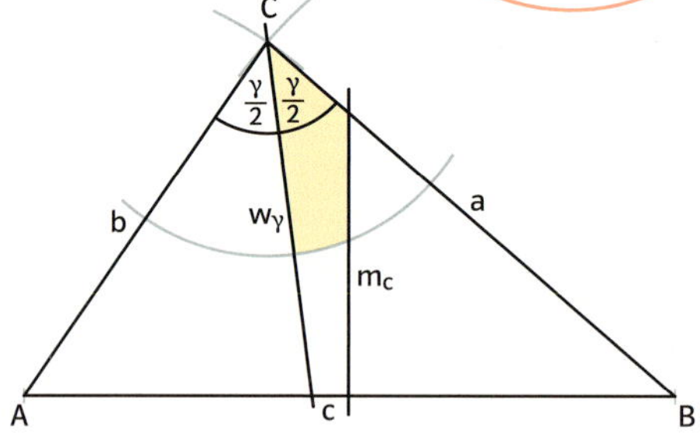

14

a) $\alpha = 32°$; $\beta = 21°$; $\gamma = 126°$
b) Es sind zu viele Angaben.
c) Die Seiten a und b sind zusammen kürzer als c.

15

a) Der Arbeiter passt in der Höhe ungefähr 5-mal in das Auge. Wenn man annimmt, dass der Arbeiter 1,80 m groß ist, hat das gesamte Plakat eine Länge von ca. 15 m und eine Höhe von ca. 12 m. Der Flächeninhalt beträgt somit ungefähr 180 m².

b) Es wären ungefähr 66700 Einzelfotos notwendig.
c) Das Auge hat auf dem Werbeplakat ungefähr die Höhe von 9 m. Das Auge eines Menschen ist ungefähr 2 cm hoch. Das ist bei einer Körpergröße von 1,80 m der 90. Teil. Also wäre der „Plakatmensch" $90 \cdot 9\,m = 810\,m$ groß.

16
a) Die Länge des Unterarms entspricht etwa der Länge des kleinen Zehs. Der kleine Zeh passt ungefähr 10-mal in die gesamte Fußlänge. Rechnet man mit 50 cm Unterarmlänge, dann wäre der Fuß somit ungefähr 5 m lang und etwa 1,80 m breit.
b) Ungefähr 15 bis 18 Fußballschuhe.
c) Die Fußlänge misst etwa ein Sechstel der Körpergröße. Der komplett in Bronze gegossene Uwe Seeler wäre dann 30 m hoch.

17
a) A 2; Behälter hat überall den selben Querschnitt, füllt sich also gleichmäßig; geringes Volumen; Wasser steigt schnell
B 1; Behälter füllt sich erst langsam, dann schneller, da der Querschnitt kleiner wird; weiter oben gleichmäßig
C 4; Behälter füllt sich erst langsam, dann immer schneller; gleichmäßige Verengung nach oben hin
D 3 Behälter überall den selben Querschnitt, füllt sich gleichmäßig; großes Volumen; Wasser steigt langsam
b)

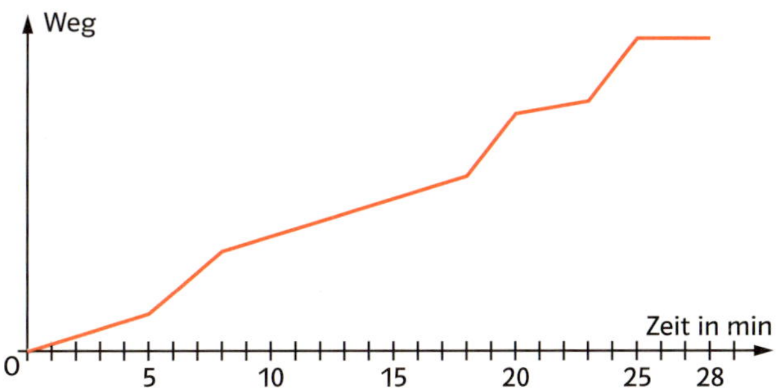

c) Es gibt keine waagrechten Abschnitte im Schaubild und die ansteigenden Abschnitte sind vertauscht: der flache gehört zum größten Würfel, der steile zum kleinsten.

18
a) g: $y = x - 2$ h: $y = -x - 0{,}5$ i: $y = 0{,}5x + 3$
b) keine
c) $y = 0{,}5x - 3{,}5$

19
a) ja, $y = -x + 4$ und $-48 = -52 + 4$
b) $h: y = x - 2$
c) 9 Flächeneinheiten

20
a) g D; h E; i C; j F
b) $y = x - 4$; $y = \frac{1}{2}x - \frac{1}{2}$; $y = 2x - 11$; $y = -x + 10$
c) Die Steigung muss größer als $\frac{3}{4}$ sein.

21
a)

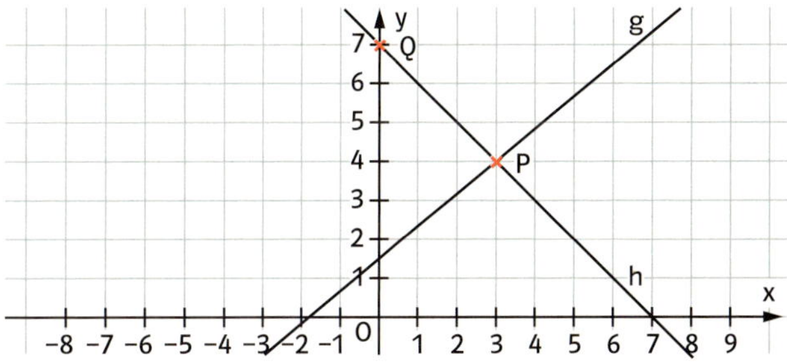

b) g: $y = \frac{2}{3}x + 2$ h: $y = -x + 7$
c) g: $S_1(-3\,|\,0)$; $S_2(0\,|\,2)$ h: $S_1(7\,|\,0)$; $S_2(0\,|\,7)$

22
a) Gerade durch $(0\,|-1)$ und $(1\,|\,1)$
$y = 2x - 1$
b) Nein.
1. Tabelle: $y = \frac{1}{2}x + 5$ 2. Tabelle: $y = \frac{1}{2}x - 5$
c) $y = 2x + 4$, geht somit nicht durch den IV. Quadranten.
z. B. $y = 2x - 3$

23
a) Zeichnung von $\overline{AB}$
Der Punkt $P(3\,|\,2{,}5)$ halbiert die Strecke $\overline{AB}$.
Die Gerade g hat die Gleichung $y = -\frac{1}{3}x + 3{,}5$.
b) Der Flächeninhalt des Dreiecks ist $A = \frac{10{,}5 \cdot 3{,}5}{2}$ FE, also 18,375 FE.
c) z. B. die Gerade h mit $y = 3x - 5$

24
a) Der Drachen wird durch die Geraden g_1 mit $y = -\frac{5}{4}x + 2{,}5$, g_2 mit $y = \frac{5}{4}x + 2{,}5$, g_3 mit $y = \frac{1}{2}x - 1$ und g_4 mit $y = \frac{1}{2}x - 1$ begrenzt.
b) Die Gerade mit $y = \frac{1}{3}x$ verläuft flacher als die Winkelhalbierende $y = x$.
Die Gerade mit $y = 3x$ verläuft steiler als die Winkelhalbierende $y = x$.
Beide Geraden gehen durch den Ursprung und haben eine positive Steigung.
c) Wählt man bei der Geraden h beispielsweise die Steigung $m = 1$, dann schneiden sich die Geraden im II. Quadranten im Punkt $P(-1{,}5\,|\,0{,}5)$.

25
a) Die Kerze, die zur roten Gerade gehört, war 6 cm lang, die Kerze, die zur blauen Gerade gehört, war 4 cm lang.
Die „blaue" Kerze ist die dickere der beiden.

b) Die Kerzen waren nach 20 Minuten etwa gleich weit abgebrannt.
c) Die rote Kerze hätte 8 cm lang sein müssen.

26
a) 120 Minuten
b) Die zylinderförmigen Kerzen sind dann gleich dick.
c) Die 24 cm lange Kerze brennt insgesamt 6 Stunden, die 12 cm lange Kerze brennt insgesamt 7,5 Stunden.

27
a) Familie Schmid zahlt bei Rent a mobil 280 €, bei Auto-Service 375 €.
Familie Spatz zahlt bei Rent a mobil 105 €, bei Auto-Service 112,50 €.
In beiden Fällen ist Rent a mobil günstiger.
b) Nein, diese Aussage gilt lediglich für die Firma Auto-Service.
c) Bei 120 gefahrenen Kilometern sind die beiden Angebote gleich günstig (90 €).

28
a) $x = 3$; $y = -2$
b) Keine, Geraden verlaufen parallel.
c) An der Anzahl der Schnittpunkte: Bei einem Schnittpunkt gibt es genau eine Lösung, bei unendlich vielen Schnittpunkten (Geraden liegen aufeinander) gibt es unendlich viele Lösungen, bei keinem Schnittpunkt (Geraden liegen parallel) gibt es keine Lösung.

29
a) $x = 3$; $y = -2{,}5$

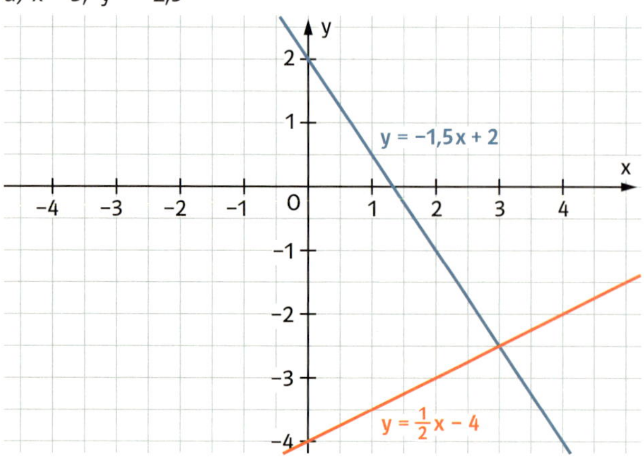

b) $x = 3$; $y = 2$
c) Die Geraden haben die Gleichungen:
g: $y = \frac{4}{3}x - 3$; h: $y = x + 3$
Die Geraden g und h schneiden sich im Punkt Q(18 | 21).

30
a) $x = 2$; $y = -1$
b) Frau Bauer kauft 3 kg Äpfel und 4 kg Orangen.
c) Die Mädchen erhalten jeweils 25 Kugeln, die Jungen bekommen jeweils 50 Kugeln.

31
a) $x = 1$ b) $x = 1$ c) $D = \mathbb{Q}\setminus\{0\}$; $x = 2$

32
a) $D = \mathbb{Q}\setminus\{3; -\frac{4}{3}\}$
b) $D = \mathbb{Q}\setminus\{-2{,}5\}$; $x = 1$
c) Salvatore kann nicht Recht haben, da die Zahl 7 nicht zur Definitionsmenge gehört.
Selbstverständlich muss die Lösung von Pia überprüft werden. Die Zahl −25 ist Lösung der Bruchgleichung.

33
a) $x = 1$ b) C $3 \cdot x - 5 = 2(x - 1)$ c) $300\,m^2$

34
a) Mögliches lineares Gleichungssystem:
(1) $h = 2m$ (2) $h + m = 30$
Martina hat 10 Euromünzen.
b) (1) $m = h + 3$ (2) $m + h = 73$
Henning hat 35 Münzen, Manuela hat 38 Münzen.
c) $3x = x + 3$ hat keine ganzzahlige Lösung, aber die Lösung $x = 1{,}50$ €.

35
a) $V = 3250\,cm^3$
b) $O = 448\,cm^2$
c) An jeder Ecke entstehen drei neue Quadratflächen, die mit den vorherigen Außenflächen übereinstimmen. Daher ändert sich beim Abschneiden von Außenecken die Oberflächengröße nicht.

36
a) Es werden 7 Teilwürfel entnommen.
Das Volumen beträgt somit $1280\,cm^3$.
b) Durch die Ausschachtung wird die Oberfläche vergrößert. Sie besteht aus 72 Teilquadraten (20 Würfel, 8 davon haben 3 freie Flächen, 12 haben 4 freie Flächen).
$O = 1152\,cm^2$
c) Die Oberfläche hat um $33{,}\overline{3}$ % zugenommen.

37

a) $V = 17408\,cm^3$

b) Das Abschneiden von Eckwürfeln ändert die Oberfläche nicht. $O = 4224\,cm^2$

c) Der ursprüngliche Quader hat 66 Oberflächenquadrate. Damit die Oberfläche um mindestens 10 % zunimmt, müssen mindestens 7 Teilquadrate hinzukommen. Beim Herausbrechen eines Teilwürfels entstehen 2 zusätzliche Teilquadratflächen.

Dies gilt allerdings nur für Teilwürfel, die an den Kanten aber nicht an den Ecken liegen. Es müssen also 4 solcher Teilwürfel herausgebrochen werden.

oder so

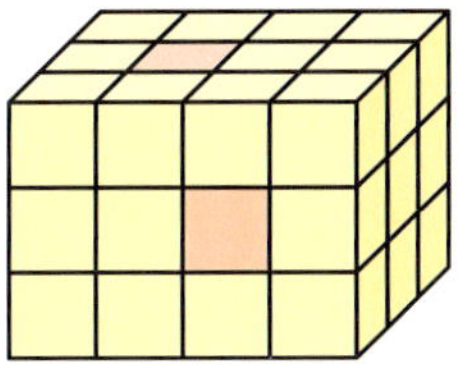

38

a)

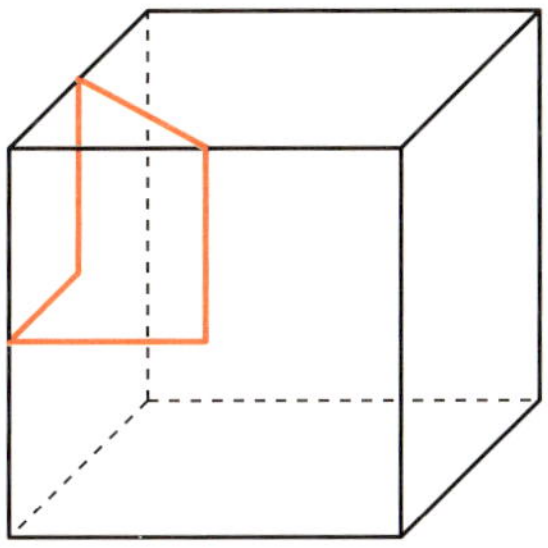

b) Es entstehen ein Rechteck und ein Dreieck.

Das Rechteck ist kein Quadrat. Die Seiten sind paarweise verschieden lang.

c) Das Volumen des kleinen Körpers verhält sich zum gesamten Würfelvolumen wie 1 : 16.

Das Volumenverhältnis der Teilkörper ist 1 : 15.

39

a) Die Körperhöhe beträgt 12,2 cm.

b) $O = 591{,}36\,cm^2$

c) $h_t = 7{,}5\,cm$

40

a) Es gibt 5 Möglichkeiten. Alle entstehenden Körper sind Prismen.

b) Die Oberfläche eines einzelnen Prismas misst: $O = 510\,cm^2$

Die zusammengesetzten Körper haben folgende Oberflächengrößen: $930\,cm^2$; $684\,cm^2$; $810\,cm^2$; $936\,cm^2$.

c) Das große Mantelrechteck ist jetzt ein Quadrat.

Es gibt also eine weitere Möglichkeit der Zusammensetzung: Das Quadrat A'B'F'E' wird dabei um 90° gedreht.

Der Körper ist dann allerdings kein Prisma.

41

a) 50 cm   b) 75 cm

c) $\frac{2}{3}$ des Gesamtvolumens sind mit Wasser gefüllt.

Wenn der Körper auf der Vorderfläche liegt, füllt das Wasser erneut zwei Drittel der Körperhöhe.

Also steht das Wasser 20 cm hoch. Rechnerische Lösung ebenso möglich.

42

a) Die Prismen mit der parallelogrammförmigen und der rechteckigen Grundfläche sind gleich hoch.

b) Das parallelogrammförmige Prisma ist ebenfalls 12 cm hoch.

Das Dreiecksprisma ist doppelt so hoch, also 24 cm.

Das trapezförmige Prisma ist 8 cm hoch.

c) Die Höhen verhalten sich wie 3 : 6 : 3 : 2.

43

a)

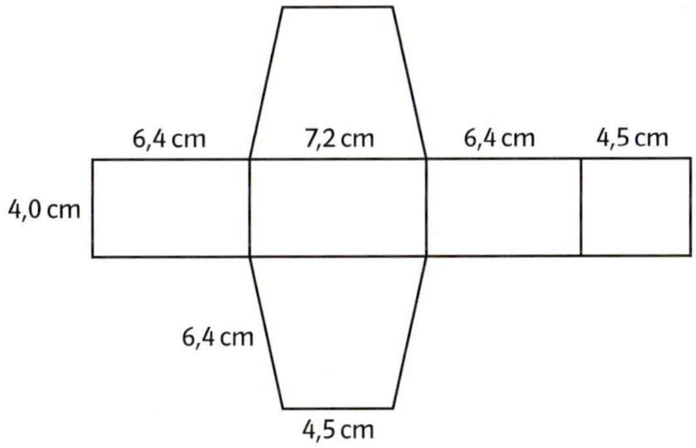

b) Die Höhe der Trapezfläche kann durch Abmessen bestimmt werden: $h_t = 6{,}3\,cm$.

Damit gilt für die Oberfläche: $O = 171{,}7\,cm^2$.

c)

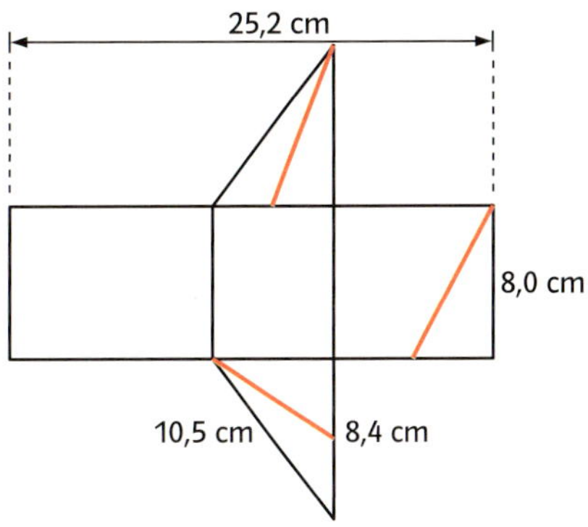

Der Streckenzug hat eine Länge von ungefähr 25,6 cm.

44

a) Der Mantel kostete ursprünglich 240 €.

b) Die Antikvase hatte zuvor einen Wert von 1350 €.

c) 26,25 %

45

a) 93,20 €   b) Ursprünglicher Preis: 110 €   c) 12,5 %

46

a) 20 % b) Die Schokoladentafel wog vorher 300 g.
c) 635,29 €

47

a) Das bisherige Paket dürfte 4,0 kg schwer gewesen sein.
b) Wäre der Preis proportional angehoben worden, hätte das neue 4,5-kg-Sparpaket nur 16,86 € kosten dürfen.
Es ist somit kein Sparpaket.
c) Die Ware kostet dann noch 53,3 % des ursprünglichen Preises, also noch mehr als die Hälfte.

48

a) Für die Jugendlichen (25 %), Erwachsene (21,2 %)
b) 48 € c) 15,4 %

49

a) 474,33 € b) 150 €
c) Der neue Preis beträgt noch 25 % des ursprünglichen Preises.
Folgende Aussagen sind deshalb richtig:
(1) Es kostet jetzt weniger als 30 % des ursprünglichen Preises.
(2) Der Preisnachlass beträgt drei Viertel des anfänglichen Preises.

50

a) K = 2500 €
b) Marie bekommt nach 1 Jahr und 9 Monaten 5337,92 € ausbezahlt.
c) Die Spareinlage beträgt 7500 €.

51

a) Es fallen 8,85 € Zinsen an.
b) Gesamtkosten über Möbelhaus Gigant: 18 500 €
Gesamtkosten über Stadtsparkasse: 18 403,75 €
c) ab 6666,67 €

52

a) In beiden Fällen beträgt der Zinssatz 8 %.
Die Frage ist, für wie lange sie das Geld leihen muss.
b) Bank C bietet einen Zinssatz von 7,5 % und ist dann am günstigsten, wenn sie das Geld auch für das gesamte Jahr braucht.
c)

Zinsen für Sparguthaben:	67,50 €
Jahreszinsen bei den Banken A und B:	1200 €
Jahreszinsen bei Bank C:	1125 €
Ersparnis bei Bank A und B:	172,50 €
Ersparnis bei Bank C:	247,50 €

53

a) Minimum 18,50 €; Maximum 52,45 €; Spannweite 33,95 €
b) Mittelwert 32,50 €; Zentralwert 30,60 €
c) neuer Mittelwert 35 €; neuer Zentralwert 30,60 €

54

a) Minimum 0; Maximum 28; Spannweite 28
b) unteres Quartil: 3,5; oberes Quartil: 11,5;
Quartilabstand: 8
c) Mittelwert 8,62; Zentralwert 7,5
Der Mittelwert ändert sich auf 7,81; der Zentralwert verändert sich nicht.

55

a)

Minimum: 10 €	Maximum: 46 €
Spannweite: 36 €	Mittelwert: 25,86 €
unteres Quartil: 19 €	Zentralwert: 22 €
oberes Quartil: 33 €	Quartilabstand: 13 €

b)

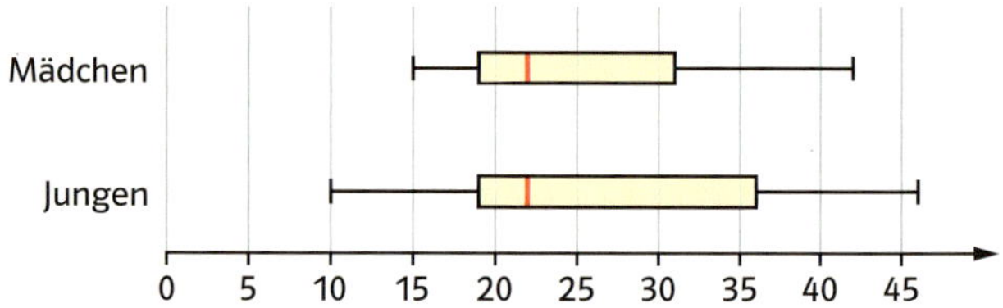

c) Die Jungen der Parallelklasse zeigen ein viel einheitlicheres Ausgabeverhalten: die zentrale Hälfte liegt dichter und die Spannweite ist kleiner, vor allem die Ausreißer nach oben fehlen.
Dagegen sind die Mädchen der Klasse 8a einheitlicher im Ausgabeverhalten als die Mädchen der Parallelklasse.

56

a) z. B. eine Münze werfen oder eine Karte ziehen
b)
- Spielsteine
- Zahlentrommel
- Karten
- Glücksrad
- es gibt kein Zufallsgerät
- Würfel

c) WW, WZ, ZW, ZZ
Augensumme von 2 bis 12
eine Zahl von 1 bis 10 oder eine der Farben Rot, Gelb, Blau usw.

57

a) $\frac{1}{32}$
b) $\frac{1}{6} < \frac{3}{15}$
$\frac{1}{6} < \frac{1}{5}$ Nicola sollte sich für die zweite Möglichkeit entscheiden.
c) ein Glücksrad mit 8 Feldern, davon 2 Felder gelb oder ein Glücksrad mit 12 Feldern, davon 3 Felder gelb

58

a) 600 Lose
b) $\frac{100}{800} = \frac{1}{8} = 12{,}5\,\%$
c) 624 Nieten

59

a) Die Augenzahlen sind gleich wahrscheinlich und müssten annähernd mit gleicher Häufigkeit auftreten.
b) Bei jeder Schülerin und bei jedem Schüler müssen die Wahrscheinlichkeiten zusammen 100 % ergeben. Das ist bei Robin und Martin nicht der Fall.
c) Augenzahl 1: 10 %
Augenzahlen 2; 3; 4; 5: jeweils 20 %

60

a) $\frac{16}{4800} = \frac{1}{300} = 0{,}33\ldots$
b) Es muss mit 24 defekten Geräten gerechnet werden.
c) $\frac{27}{44} = 0{,}6136$ $\frac{15}{32} = 0{,}4687$ $\frac{18}{34} = 0{,}5294$
Die 8 a sollte Frank für den Wettbewerb auswählen.

Register

Die Seiten 1–40 findest du in Schnittpunkt Kompakt, Klasse 5/6 (ISBN 978-3-12-740358-5)